电网企业一线员工作业一本通

低压电能计量箱安装

国网浙江省电力有限公司　组编

中国电力出版社
CHINA ELECTRIC POWER PRESS

图书在版编目（CIP）数据

电网企业一线员工作业一本通．低压电能计量箱安装 / 国网浙江省电力有限公司组编．—北京：中国电力出版社，2018.12

ISBN 978-7-5198-2759-5

Ⅰ．①电… Ⅱ．①国… Ⅲ．①电力工业－职工培训－教材 ②智能电度表－安装－职工培训－教材 Ⅳ．①TM ②TM933.49

中国版本图书馆 CIP 数据核字（2018）第 279724 号

出版发行：中国电力出版社
地　　址：北京市东城区北京站西街 19 号（邮政编码 100005）
网　　址：http：//www.cepp.sgcc.com.cn
责任编辑：刘丽平　王蔓莉（manli-wang@sgcc.com.cn）
责任校对：黄　蓓　王海南
装帧设计：左　铭
责任印制：石　雷

印　刷：三河市万龙印装有限公司
版　次：2019 年 4 月第一版
印　次：2019 年 4 月北京第一次印刷
开　本：787 毫米 ×1092 毫米　横 32 开本
印　张：3.5
字　数：84 千字
印　数：0001—6000 册
定　价：23.00 元

内 容 提 要

本书为“电网企业一线员工作业一本通”丛书之《低压电能计量箱安装》分册，着重围绕低压电能计量箱分类、选型配置、安装方式和安装环境选择、现场作业流程、现场作业安全、安装技术要求、安装质量验收等方面，将低压电能计量箱及其配套管线安装的全过程以图文并茂的形式展现出来，对规范低压电能计量箱的现场安装和运维工作具有较强的指导性和实用性。

本书可供低压电能计量箱安装运维人员培训和自学使用。

编 委 会

编　写　组

组　长　韩霄汉

副组长　许灵洁　吕几凡　童建东　齐　雄

组　员　丁国锋　宣玉华　陈自龙　吕　滨　贺　民　王伟乾　朱　斌

陆春光　郑国和　王伟峰　黄荣国　沈建良　沈曙明　胡小寒

沈　广　李　熊　王洲波　方良飞　张卫华　陈　骁　郭　鹏

李航康　华　晶　袁　卫　邬友定　林国木　周永佳　严华江

徐永进　邵竑湄　潘　泉　刘　勇　汪金荣　王小斌　王伟红

王　翔　何　昌　贾斌辉　俞　磊　申　剑　钱沿润　王　强

白福庆　周　旻　谢　烽　陈凯华

丛书序

国网浙江省电力公司正在国家电网公司领导下，以“两个率先”的精神全面建设“一强三优”现代公司。建设一支技术技能精湛、操作标准规范、服务理念先进的一线技能人员队伍是实现“两个一流”的必然要求和有力支撑。

2013 年，国网浙江省电力公司组织编写了“电力营销一线员工作业一本通”丛书，受到了公司系统营销岗位员工的一致好评，并形成了一定的品牌效应。2016 年，国网浙江省电力公司将“一本通”拓展到电网运检、调控业务，形成了“电网企业一线员工作业一本通”丛书。

“电网企业一线员工作业一本通”丛书的编写，是为了将管理制度与技术规范落地，把标准规范整合、翻译成一线员工看得懂、记得住、可执行的操作手册，以不断提高员工操作技能和供电服务水平。丛书主要体现了以下特点：

一是内容涵盖全，业务流程清晰。其内容涵盖了营销稽查、变电站智能巡检机器人现场运维、特高压直流保护与控制运维等近 30 项生产一线主要专项业务或操作，对作业准备、现场作业、应急处理等事项进行了翔实描述，工作要点明确、步骤清晰、流程规范。

二是标准规范，注重实效。书中内容均符合国家、行业或国家电网公司颁布的标准规范，结合生产实际，体现最新操作要求、操作规范和操作工艺。一线员工均可以从中获得启发，举一反三，不断提升操作规范性和安全性。

三是图文并茂，生动易学。丛书内容全部通过现场操作实景照片、简明漫画、操作流程图及简要文字说明等一线员工喜闻乐见的方式展现，使“一本通”真正成为大家的口袋书、工具书。

最后，向“电网企业一线员工作业一本通”丛书的出版表示诚挚的祝贺，向付出辛勤劳动的编写人员表示衷心的感谢！

国网浙江省电力有限公司董事长　肖世杰

前　言

低压电能计量箱是电能计量装置的重要组成部分，是除智能电能表、互感器、用电信息采集设备之外的重要基础设备。低压电能计量箱的规范安装与管理，对安全供电和电能的准确可靠计量起着重要的作用。

随着我国美丽乡村建设、城中村改造、城镇化进程、房地产开发以及配电网建设改造计划的推进，大量的低压电能计量箱需要安装。另外，由于智能电能表大范围推广应用和用电信息采集全覆盖工作的全面开展，原有的低压电能计量箱多数已无法满足新技术的应用和安全使用要求，需要更新改造。为解决低压电能计量箱及其配套管线安装存在的计量箱配置、安装方式、安装环境、现场作业不规范等问题，引导供电企业科学、规范地进行现场安装作业，确保安装质量既能保证电网正常运行，提高供电的可靠性，又能保证安装美观，运维便捷，国网浙江省电力有限公司组织有关专家和技术人员编写了本书。本书以图文并茂的形式将低压电能计量箱及其配套管线安装的过程呈现出来，内容简练、重点突出，具有较强的针对性和指导性，方便广大低压电能计量箱安装单位使用。

本书在编制过程中得到了公司各级领导、相关部门和专家的大力支持，在此表示衷心感谢！

编者

2018 年 11 月

目　录

Part 1

本篇介绍了低压电能计量箱（俗称表箱，以下简称计量箱）的定义、分类、型号和命名规则等基础知识，并明确了计量箱的安装流程。

总述篇

一 术语和定义

低压电能计量箱　用于交流 400（380）V 及以下的低压电能计量的箱型成套装置。

箱组式计量箱　由一个配电（分线）箱及数个计量箱机械地组合在一起的一种组合体，可带有或不带有公共支架，可通过两个相邻箱体电气连接孔进行电气连接。

进线室　多表位计量箱内安装进线开关、接线端子排等器件并与外部电源进行电气连接的独立空间。

计量室　多表位计量箱内安装电能表、用电信息采集终端等表计的独立空间。

出线室　多表位计量箱内安装出线开关、端子排等器件并与外部负载端进行电气连接的独立空间。

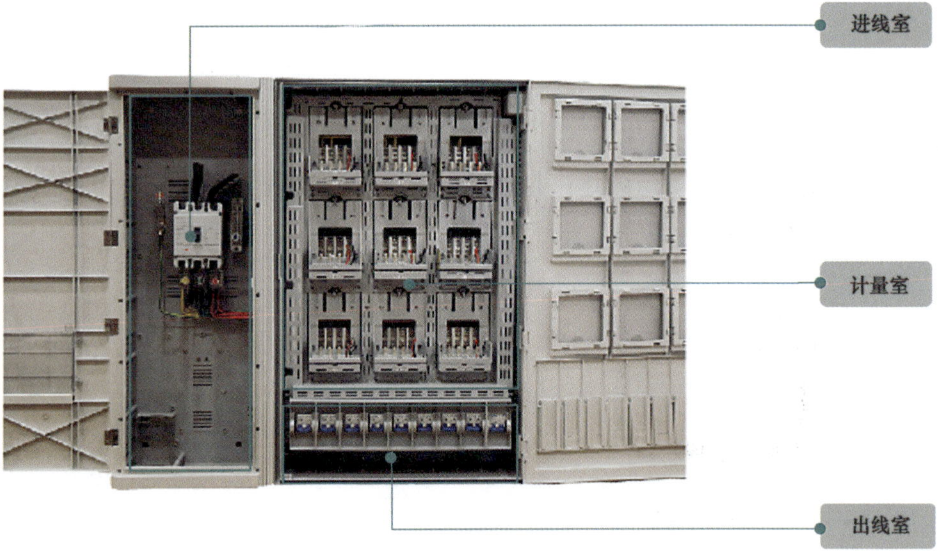

多表位计量箱结构图

二 计量箱分类

（一）按安装形式

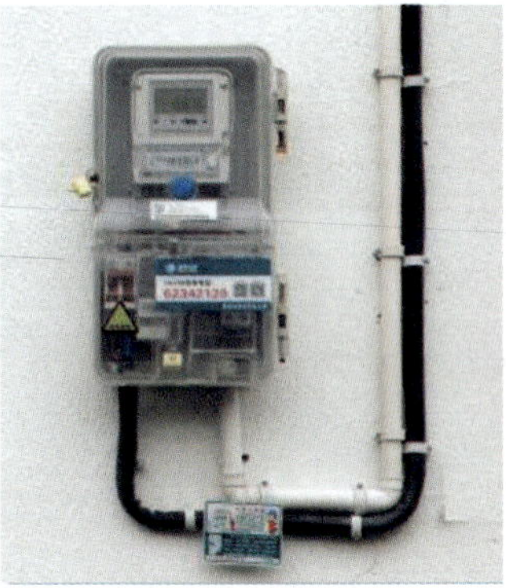

壁挂式安装计量箱

应用场所：主要用于用户侧建筑主体已建成的计量箱安装工程。

嵌入式安装计量箱

应用场所：主要用于用户侧建筑主体未建成的计量箱预装工程。

落地式安装计量箱

应用场所：主要用于建筑主体以外的计量箱落地安装工程。

电杆式安装计量箱

应用场所：主要用于无建筑主体的用电场所，如农业生产、排灌、临时用电等用户接电工程。

（二）按电能表接入相线和表位数

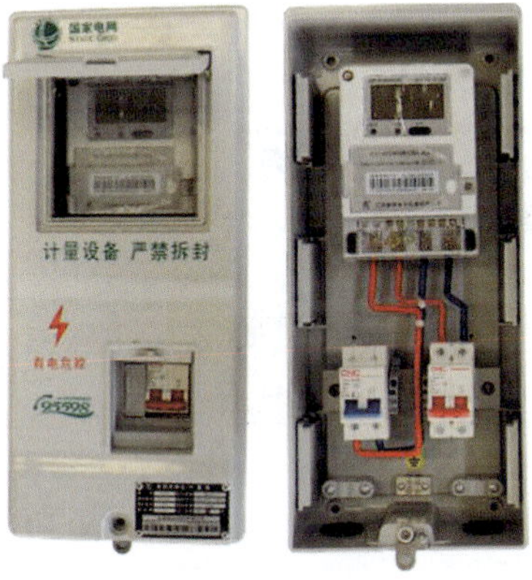

单相单表位计量箱

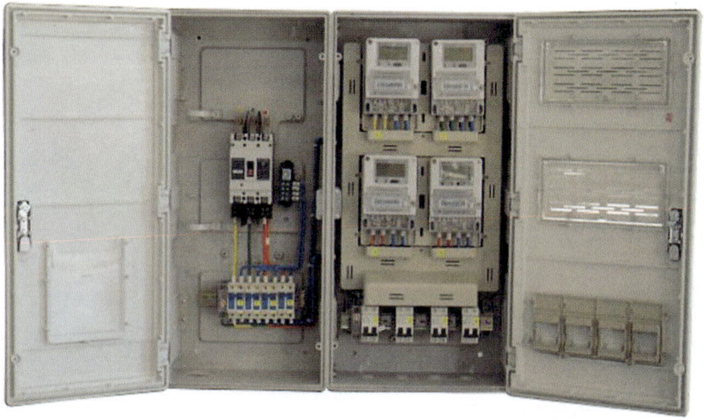

单相多表位计量箱

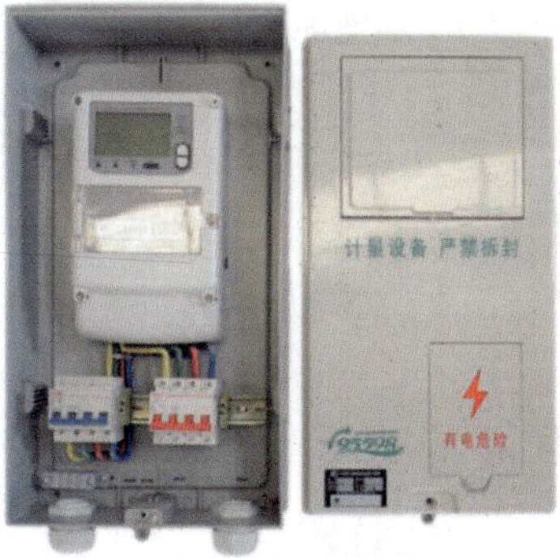

三相单表位计量箱

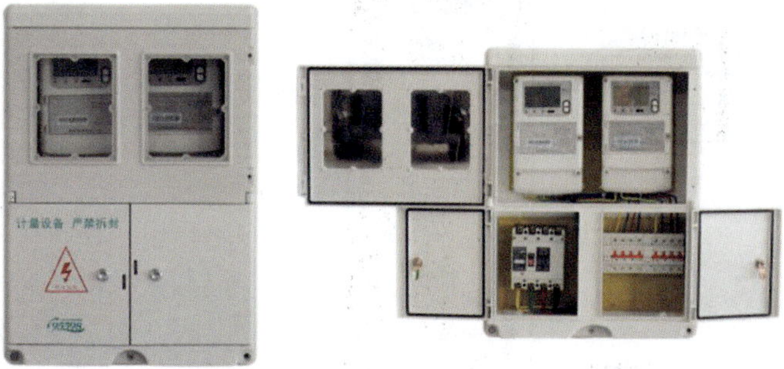

三相多表位计量箱

（三）按接线方式

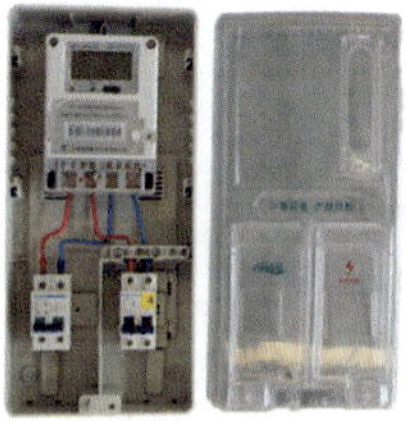

直接接入式单表位计量箱

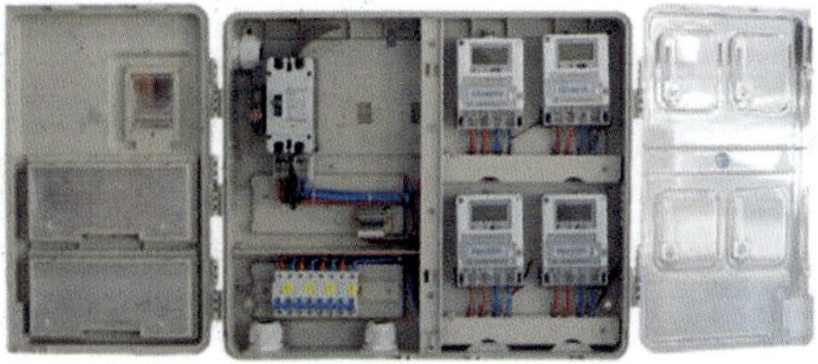

直接接入式多表位计量箱

经互感器接入式计量箱

（四）按计量箱箱体材料

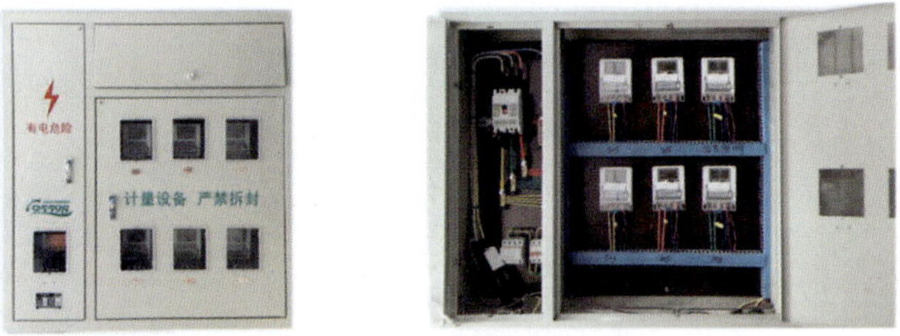

热镀锌金属计量箱

热镀锌又叫热浸锌或热浸镀锌，是对钢铁及铸铁材料进行化学防护的方法之一，是一种有效的金属防腐方式，主要用于各行业的金属结构设施。热镀锌工艺是将除锈后的钢件浸入 500℃左右熔化的锌液中，使钢构件表面附着锌层，从而达到防腐的目的。另外，镀锌层形成一种特别的冶金结构，这种结构能承受在运送及使用时受到的机械损伤，从而防止普通钢板表面遭受腐蚀，延长其使用寿命。目前主要采用连续镀锌工艺，即把成卷的钢板连续浸在熔解有锌的镀槽中制成镀锌钢板。

■ 优点：热镀锌金属计量箱外形美观，结构牢固，抗压性强，具有一定的耐腐蚀性，便于加工改造，投资成本低，用于居民小区、商业集中区的楼道、计量小室等室内场所。

■ 缺点：热镀锌材质不绝缘，需安装接地线。受加工工艺局限，镀锌层脱落后，严重影响计量箱的耐腐蚀性。

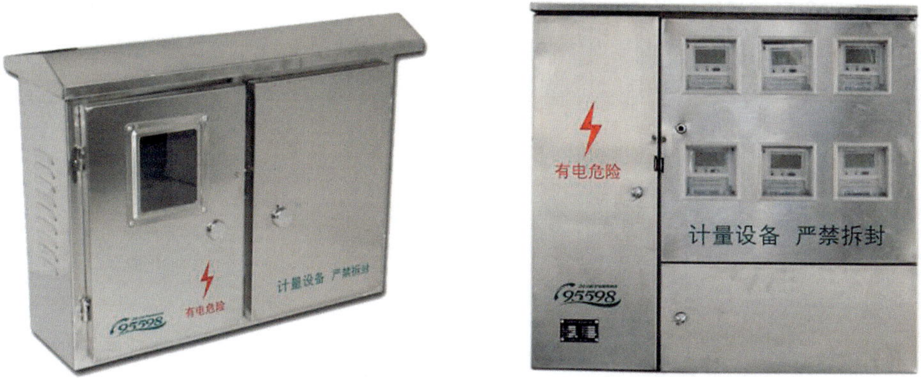

不锈钢金属计量箱

不锈钢是不锈耐酸钢的简称，耐空气、蒸汽、水等弱腐蚀介质或具有不锈性的钢种称为不锈钢；耐化学腐蚀介质（酸、碱、盐等化学侵蚀）腐蚀的钢种称为耐酸钢，主要由铁元素（Fe）、铬元素（Cr）、镍元素（Ni）和其他多种微量合金元素组成。不锈钢板是用钢水浇注，经去磷化后轧制成的平板状钢材，可直接轧制或由宽板剪切而成。

■ 优点：不锈钢计量箱一般由 304 不锈钢（Cr 含量大于 18%，Ni 含量大于 8%）制成，外形美观，结构牢固，抗压性强，加工方便，便于维护和改造，比热镀锌计量箱具有更好的耐腐蚀性，较适用于室外露天场所。

■ 缺点：不锈钢板塑性变形后不易恢复，而且这种材质不绝缘，需安装接地线，造价较其他材质计量箱高。

PC+ABS 非金属计量箱

PC 是英文 Polycarbonate 的缩写，即聚碳酸酯塑料；ABS 是丙烯腈、丁二烯和苯乙烯的三元共聚物，A 代表丙烯腈（Acrylonitrile），B 代表丁二烯（Butadiene），S 代表苯乙烯（Styrene）；PC+ABS 是由 PC 和 ABS 两种材料合金而成的热可塑性塑料。PC 透明度达 90%，被誉为透明金属，具有冲击强度高、尺寸稳定性好、使用温度范围宽、耐热和无毒等特点；ABS 价格较 PC 便宜，具有抗冲击、耐热、耐化学腐蚀、表面光泽等特点；PC+ABS 结合了 PC 和 ABS 的优异特性，既具有 PC 树脂优良的耐热性、耐候性、尺寸稳定性及耐冲击性能，又具有 ABS 树脂优良的加工流动性。

■ 优点：使用 PC+ABS 材料制作的计量箱，绝缘性能好，不需接地线；外形美观，防水性能好，抗冲击性能优良；较其他塑料材质制成的计量箱具有耐高低温、耐酸雨、耐老化、使用寿命长、经济环保等优点。

■ 缺点：PC+ABS 材料具有塑料固有的缺点，紫外线长期照射后会导致材质老化，变脆、变色。

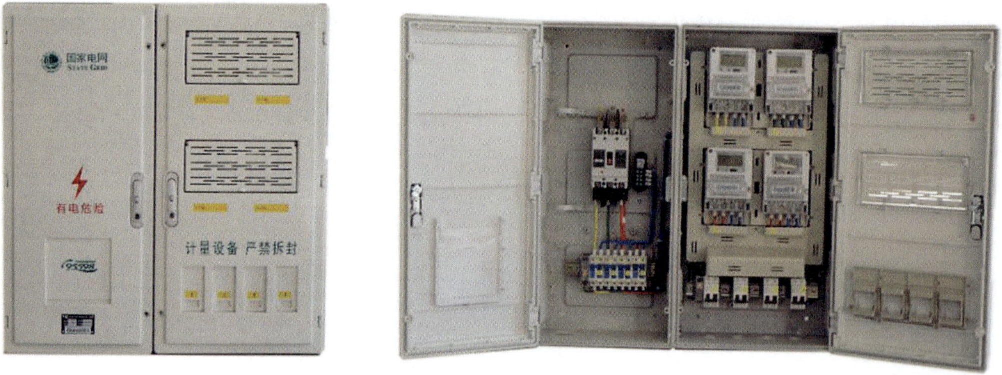

SMC 非金属计量箱

SMC（Sheet Molding Compound）是片状模塑料，属于玻璃钢，又称纤维增强塑料的一种。SMC 主要原料由玻璃纤维、不饱和聚酯树脂、低收缩添加剂、矿物填料及各种助剂组成。SMC 材料机械性能可以与部分金属材料相媲美，其制造的产品具有良好的刚性，耐变形，且具有优越的耐腐蚀性能，使用温度范围宽。

■ 优点：使用 SMC 复合材料制作的计量箱，采用不饱和聚酯玻璃增强纤维模压成型，绝缘性能好，不需接地线；防水性能好，耐热、耐腐蚀，阻燃性能好；较 PC+ABS 制成的计量箱使用寿命长。

■ 缺点：计量箱破损后维修困难，且材料无再利用价值，报废后不易处理。

三 型号和命名

计量箱型号由以下信息组成。

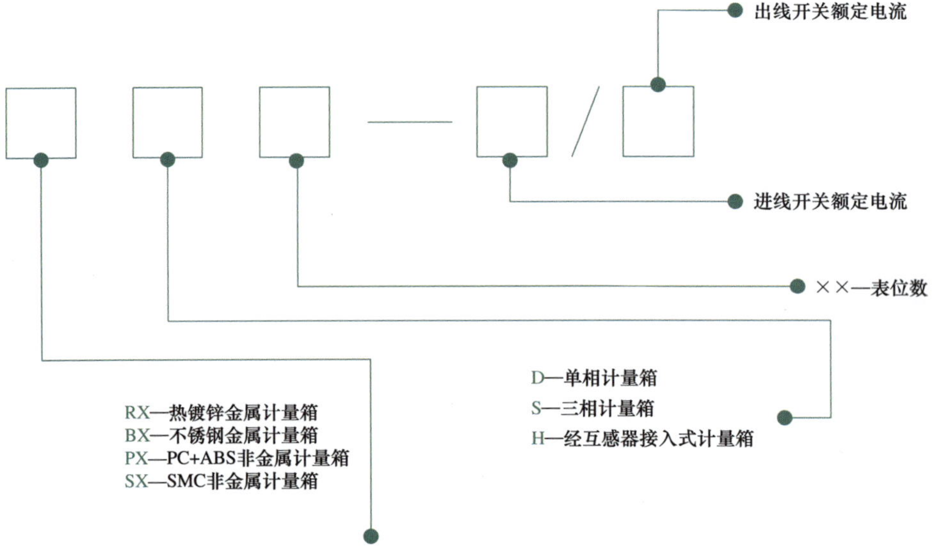

上图为本书推荐命名规则。

四 安装工作流程

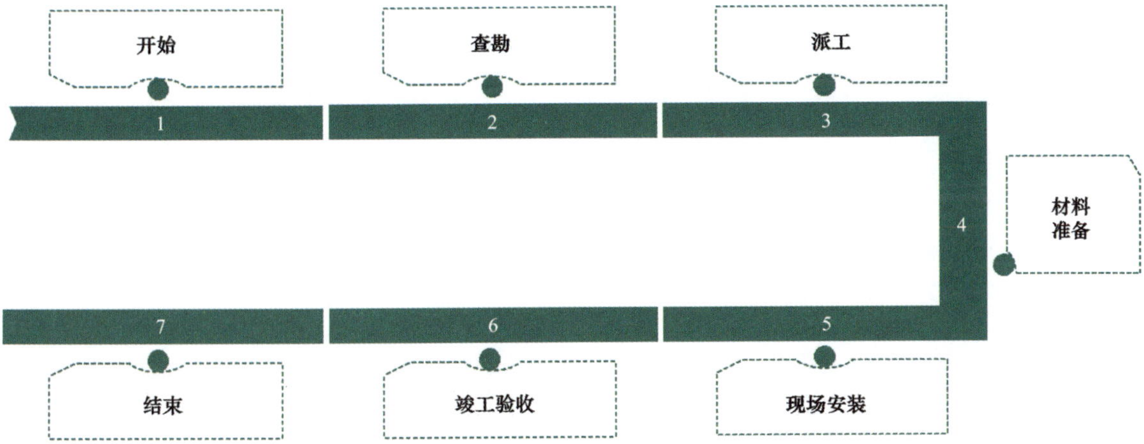

Part 2

本篇主要叙述了计量箱安装前的准备工作要求，包括安装人员资质要求、安全工器具配备和工作票类型，并列举了计量箱安装工作存在的主要危险点及预控措施。

基础准备篇

一 人员资质要求

一般要求

- 经医师鉴定，无妨碍工作的病症。
- 具备必要的电气知识和业务技能，并经安规考试合格。
- 具备必要的安全生产知识，会紧急救护法，特别是触电急救。
- 取得特种作业操作证（电工），并在有效期内。

特殊要求

- 登高作业人员必须取得特种作业操作证（高处作业），并在有效期内。

二 个人防护要求

√ 安装人员应着工作服，穿绝缘鞋，戴安全帽，佩戴工作证件。

√ 保持着装整齐，正确穿戴。

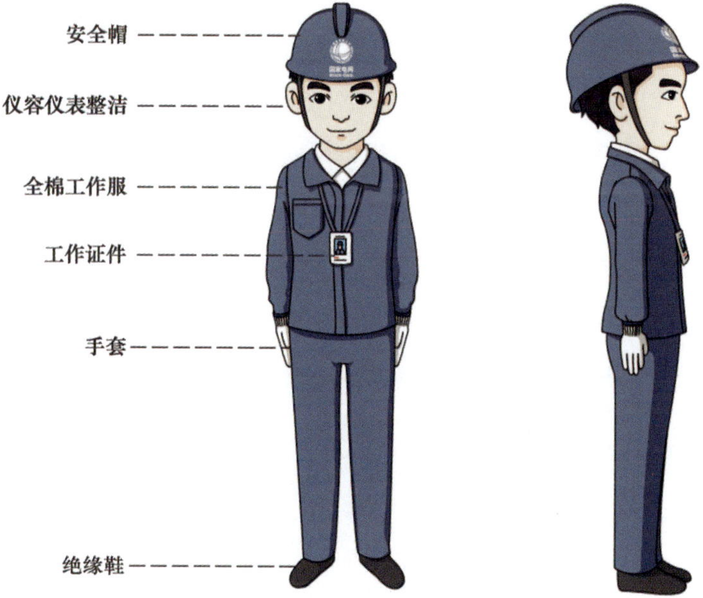

安全帽使用误区

小贴士

不少人对安全帽的功能和作用认识不足，使用的自觉性不高，主要表现在以下几个方面：

表现一　天气炎热不愿戴；
表现二　工作繁忙忘记戴；
表现三　掉以轻心厌恶戴；
表现四　护发爱镜勉强戴。

自我保护意识淡薄，要从“叫我戴”，转变为“我要戴”。

使用中存在的问题

小贴士

不规范使用安全帽、安全带，其行为屡见不鲜，具体表现为：

不规范佩戴安全帽：

表现一 不系扣带或者扣带不收紧；

表现二 扣带放在脑后或帽衬内；

表现三 将帽舌戴在脑后或两侧；

表现四 安全帽后箍不按头型调整箍紧；

表现五 把安全帽当做小板凳坐或当工具袋使用；

表现六 使用损坏的或不合格的安全帽。

不规范使用安全带：

表现一 思想上不重视安全带的作用；

表现二 使用安全带前未对其进行检查；

表现三 将安全带挂在移动或带尖锐棱角的物件上；

表现四 低挂高用；

表现五 安全带保护套损坏并脱落，未更换新保护套使用；

表现六 擅自接长安全带。

安全帽是名副其实的“生命帽”，安全带是千真万确的“救生带”和“保险带”。因此，任何人进入电力生产、基建现场时，必须正确佩戴安全帽，在离地面2m及以上的高处作业人员必须正确使用安全带。

工作服和绝缘鞋的作用

小贴士

正确穿着工作服，可协助调节体温，保护皮肤，以达到防水、防火、防毒、防热辐射等目的。穿着工作服是否合理，直接关系着人体的健康。

绝缘鞋的作用是使人体与地面绝缘，防止电流通过人体与大地之间构成通路，对人体造成电击伤害，把触电时的危险降低到最小程度。

因为触电时电流是经接触点通过人体流入地面的，绝缘鞋还能防止试验电压范围内的跨步电压对人体造成的危害，所以电气作业时不仅要戴绝缘手套，还要穿绝缘鞋。

理想的绝缘鞋同时具有绝缘、防静电、耐油、防砸、防穿刺、防滑、耐磨损等功能。

正确穿戴工作服

小贴士

高温环境下工作时，接触热辐射量大，因此，在高温条件下工作时穿着的工作服应尽量采用厚而软的布料。另外，高温下工作出汗多，有些人喜欢上身赤膊，这样会导致热辐射灼伤皮肤，使皮肤热而干，降低散热功能，还容易使身体受伤。因此高温下工作不但应该穿工作服，而且应当穿比较厚的长袖衣服和长裤。作业人员应按以下要求穿戴工作服：

选择的工作服要大小适中，适合自己的身材。

裤子要系皮带，裤门扣子要扣好，裤脚平踝关节下 2cm，不能太长，裤脚不能在地上拖，也不能太短，不能裸露腿部皮肤。

衣服穿戴要整齐，胸扣要扣好，袖扣要扣紧，不能裸露手臂；领口要整齐，必须翻下，不可卷起或竖起，并将领口扣扣紧。

注意事项

小贴士

穿着工作服时，应注意以下几个方面问题：

第一，要用中性洗涤剂经常清洗，保持清洁卫生。

第二，要经常检查，确保工作服的完整性，纽扣牢靠完好，保证正常使用。

三 安全工器具配备

安装计量箱时应根据需要携带验电笔、接地线、安全围栏、警示带、梯子等安全工器具。安全工器具必须试验合格，并在有效期内。

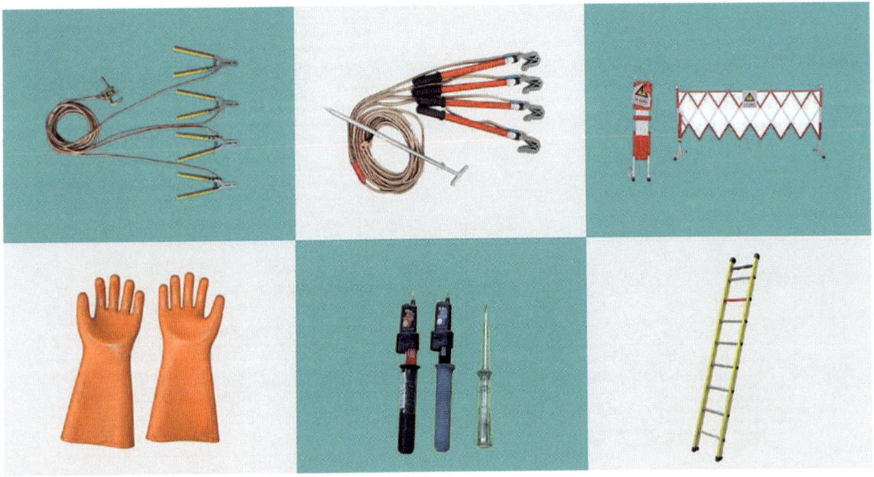

四 工作票

现场作业一般使用配网安全施工作业票和低压工作票。

配网安全施工作业票

工程名称： 编号：XXX-SZ-XXXX-XX-XXX

施工班组（队）		工程阶段	
工序及作业内容		作业部位	
执行方案名称		动态风险最高等级	
施工人数		计划开始时间	
实际开始时间		实际结束时间	
主要风险			
工作负责人		安全监护人（多地点作业应分别设监护人）	

具体分工（含特殊工种作业人员）：

其他施工人员：

作业必备条件及班前会检查

	是	否
1. 作业人员着装是否规范、精神状态是否良好，是否经安全培训	□	□
2. 特种作业人员是否持证上岗	□	□
3. 作业人员是否无妨碍工作的职业禁忌	□	□
4. 是否无超年龄或年龄不足参与作业	□	□
5. 施工机械、设备是否有合格证并经检测合格	□	□
6. 工器具是否经准入检查，是否完好，是否经检查合格有效	□	□
7. 是否配备个人安全防护用品，并经检验合格，是否齐全、完好	□	□

低 压 工 作 票

单位：____ 编号：____

1. 工作负责人：____ 班组：____

2. 工作班成员（不包括工作负责人）：____共____人

3. 工作的线路名称或设备双重名称（多回路应注明双重称号及方位）、工作任务：

4. 计划工作时间： 自____年____月____日____时____分 至 ____年____月____日____时____分

5. 安全措施（必要时可附页绘图说明）：

5.1 工作的条件和应采取的安全措施（停电、接地、隔离和装设的安全遮栏、围栏、标示牌等）：

5.2 保留的带电部位：

5.3 其他安全措施和注意事项：

工作票签发人签名：____，____ ____年____月____日____时____分

工作负责人签名：____ ____年____月____日____时____分收到工作票

6. 工作许可：

6.1 现场补充的安全措施：

6.2 确认本工作票安全措施正确完备，许可工作开始：

许可方式：____ 许可工作时间：____年____月____日____时____分

工作许可人签名：____ 工作负责人签名：____

7. 工作班成员确认工作负责人布置的工作任务、人员分工、安全措施和注意事项并签名：

8. 工作票终结：

工作班现场所装设接地线共____组、个人保安线共____组已全部拆除，工作班人员已全部撤离现场，工具、材料已清理完毕，杆塔、设备上已无遗留物。

工作负责人签名：____ 工作许可人签名：____

工作终结时间：____年____月____日____时____分

9. 备注：

五 危险点分析及预控措施

序号	危险点	预控措施
1	高空坠落	● 检查杆根、基础和拉线是否牢固。 ● 检查登高工具、设施（如脚扣、登高板、安全带、梯子、防坠器等）是否完整牢固。 ● 杆上作业时安全带必须系在电杆或牢固的铁件上。 ● 使用梯子登高作业时，梯子应坚固完整，有防滑措施。梯子的支柱应能承受作业人员及所携带的工具、材料攀登时的总重量。硬质梯子的横档应嵌在支柱上，梯阶的距离不应大于40cm，并在距梯顶1m处设限高标志。使用单梯工作时，梯子与地面的倾斜角度约为60°，并有专人扶持。梯子不得绑接使用。人字梯应有限制开度的措施。人在梯子上时，禁止移动梯子
2	高空坠物	● 应在作业现场装设临时遮栏，与工作无关人员禁止进入工作现场。 ● 所有工作人员必须正确佩戴安全帽。传递东西应使用绳索，严禁上下抛物，杆上作业应正确使用工具袋

续表

序号	危险点	预控措施
3	触电	● 工作人员应正确使用合格的安全绝缘工器具和个人劳动防护用品。 ● 电源盘应具备漏电保护装置，使用前应检查漏电保护开关动作是否正常。 ● 验电工作要使用合格、相应电压等级的验电器，验电时应由两人进行，一人验电，一人监护，采用“三步”验电法进行验电。 ● 装设接地线，先接接地端，后接导线端，拆除接地线顺序与装设相反。 ● 现场作业时，施工人员应与带电设备保持足够的安全距离。 ● 有新能源（光伏、风电等）上网点的工作，要充分做好防止倒送电的安全措施
4	场地安全	● 作业场所所有的沟、孔、洞均应采取防护措施，防止作业人员踏空受伤
5	交通安全	● 施工车辆及乘车人认真遵守交通法规和乘车规定。 ● 在公路、街道施工时需注意行人、车辆，必要时设专人看护

Part 3

本篇以计量箱安装作业流程为主线，对现场查勘、作业准备、现场安装和竣工验收四大环节的操作要点进行了详细描述，规范了计量箱的安装流程和安装工艺。

现场安装篇

一 业扩查勘

- 01 现场查勘
- 02 计量箱选型
- 03 安装位置及安装方式选择
- 04 电源接入点选择
- 05 施工方案确定

计量箱安装作业是装表接电工作的重要一环，确定计量箱类型、安装方式、安装位置和接入方式是业扩查勘工作的重要内容，与客户受电容量的大小、计费方式的选择和计量方案的确定工作密不可分。业扩查勘工作至少两人共同进行，现场查勘后，确定施工方案。

（一）现场查勘

1 客户信息核查

- 核对客户名称、地址、联系电话等信息与客户提供的申请资料是否一致。

2 受电容量确定

- 通过调查、核对，了解客户用电的实际分布及综合使用情况。
  根据客户的综合用电状况，了解主设备的数量、分布情况，确定客户的总受电容量。

3 计费方式确认

- 根据客户用电设备实际使用情况，客户的用电负荷特性、客户的行业分类，对照国家的电价政策，初步确定客户受电点的计费方案。

4 计量方案确认

- 根据建筑面积、用电设备及要求确定单、三相计量方式。
- 当计算得到的负荷电流为60A及以下时，宜采用直接接入电能表的接线方式；当计算得到的负荷电流为60A以上时，宜采用经电流互感器接入电能表的接线方式。
- 选用直接接入式电能表最大电流不得超过100A。

（二）计量箱选型

根据计量方案，选择合适的计量箱类型。

1. 表位配置

农村独立住宅、别墅（联排）宜配置单表位计量箱。

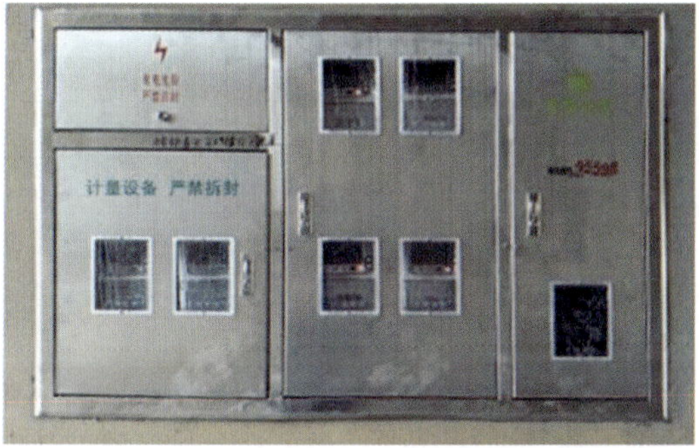

多层、高层等多户住宅应配置多表位计量箱，计量箱内表位数按照实际用户数确定，但表位数最多为 12 只单相表位或 6 只三相表位。对于公共设施、电能信息采集、广播电视、电信等信号放大器用电所需的表位数，除了按照实际用户数配置外，还应额外预留 2 只表位。

2. 类型配置

集中小区、独立住宅和商铺一般依据建筑面积的大小，按照表 3–1 要求配置计量箱的类型。

表 3–1 计量箱配置类型

建筑类型	建筑面积（m^2）	计量箱配置类型
集中小区	＜90	单相计量箱
集中小区	90（含）~140	单相计量箱或三相计量箱
集中小区	≥140	三相计量箱
独立住宅	—	10kW 以下配置单相计量箱 10kW 及以上配置三相计量箱
商铺	—	三相计量箱

注 1. 建筑面积在 90（含）~140m^2 范围内的集中小区推荐配置三相计量箱；

2. 建筑面积小于 200m^2 的商铺可多户共用一个计量箱，但每个计量箱内全部用户总建筑面积不应大于 800m^2；建筑面积 200m^2 及以上的商铺，应每户设置计量箱并独立进线，其中建筑面积在 300（含）~500m^2 之间的单个商铺可经分支箱接电，建筑面积在 500（含）~1000m^2 之间的单个商铺应直接从配电室接电，并采用经互感器接入式计量箱，建筑面积在 1000m^2 及以上的单个商铺应设置专变供电。

3. 材质选择

计量箱推荐材质如表 3–2 所示。

表 3–2 计量箱推荐材质

安装方式	推荐材质
室内嵌入式安装	SMC、热镀锌或不锈钢
室外嵌入式安装	不锈钢
室内壁挂式安装	PC+ABS、SMC 或热镀锌
室外壁挂式安装	SMC 或不锈钢
室外电杆式安装	SMC 或不锈钢
室外落地式安装	不锈钢
室内落地式安装	不锈钢

（三）计量箱安装方式和安装位置

1. 安装方式

计量箱安装方式可分为壁挂式、嵌入式、落地式和电杆式四种。根据不同的建筑类型，应合理选择计量箱的安装方式。

建筑类型：农村独立住宅。

安装方式：壁挂式。

注意事项：计量箱一般安装在围墙或住宅外墙，其位置选择应以经济、安全可靠，便于施工、抄表、故障处理、运行维护、不阻碍交通为原则，尽量选择非主通道、靠近接电点的较为平整、干燥的建筑外墙上。

建筑类型： 六层以上高层住宅（底层为架空层或商铺除外）。

安装方式： 嵌入式 / 壁挂式 / 落地式。

注意事项： ①宜每层装设计量箱，并位于公共走廊或计量小室内；②在公共走廊应安装嵌入式计量箱，在计量小室应安装壁挂式或落地式计量箱；③计量箱不得安装在强电井内，预防计量箱着火引起强电井火灾。

建筑类型：六层及以下多层住宅。

安装方式：嵌入式。

注意事项：计量箱应设置在地面一层公共走廊，但在江河易泛滥地区，宜设置在一层以上公共走廊。在小区建设时，开发商应预留计量箱及配套设施的位置。

建筑类型：别墅（联排）客户。

安装方式：落地式 / 嵌入式。

注意事项：一般情况下，每户独立设置单表位落地式计量箱，也可根据现场电源点选定的位置和路径，设置多表位落地式计量箱，但计量箱的表位数一般不超过 6 表位。如果开发商已预留嵌入式安装计量箱安装位置，则采用嵌入式安装计量箱。

建筑类型： 商铺及其他非住宅用户。

安装方式： 嵌入式 / 壁挂式。

注意事项： 建筑宜设集中安装计量箱的计量小室。计量小室位置应考虑电源接入点、用户出线布局以及应有移动通信信号覆盖，且附近无影响现场抄表的设备设施。没有计量小室的，可以将计量箱安装在户外的墙上，采用单户安装或联户安装的混合安装方式，安装的位置要便于抄表和巡查，并应尽量靠近电源接入点。

建筑类型：农业用电和临时用电等场所。

安装方式：电杆式。

注意事项：计量箱安装在电杆上，安装位置应设置在电杆背向道路侧，并应不妨碍运维人员登杆作业。

2. 安装位置

计量箱应尽量靠近进户点安装，并有利于供电部门运行维护，但不宜安装在低于室外地坪标高以下的场所。

设置在住宅小区公共区域所有通道的计量箱应嵌入墙内暗装。

计量箱安装位置的周边环境应干净明亮、温度适宜，能保证计量装置安全可靠工作，尽量避免安装在阳光直射场所，磁场、灰尘、腐蚀性气体等污染物含量较高场所及无通信信号覆盖场所。

灰尘、粉尘污染场所

阳光直射场所

为便于日常抄表和计量箱维护，同一台区的计量箱尽量采用相同的安装方式，一般情况下，都应安装在道路的同一侧，并使其处于同一水平线上。同一个居民区的计量箱采用的安装方式以及安装的位置也应尽量保持一致，以达到统一、整齐的要求。

（四）电源接入点选择

应根据客户的负荷性质和用电需求，确定电源接入点的回路数和种类，同时确保电网和用户端用电设备的安全经济运行。选择电源接入点时应充分考虑以下因素：

1. 根据城市乡村地形、地貌以及道路规划和电网规划的要求就近选择，避免近电远供；
2. 电源点应具备足够的供电能力，以满足用户的用电需求，且电能质量符合国家标准；
3. 电源点与电源接入点路径短捷顺直，减少与道路交叉。

台区名称

分支箱编号

落户杆号

（五）施工材料确定

根据现场查勘情况，确定现场施工材料。

材料清单

序号	材料名称	型号规格	单位	数量	备注
1	杆上横担				
2	导线				
3	PVC 管				
4	穿刺线夹				
5	角横担				
6	抱箍				
7	安装螺丝				
8	膨胀螺丝				
9	固定螺丝				
10	铜铝转接头				
11	铜鼻子				
12	接地极				
13	封堵材料				
14	采集器				
15	电能表				
16	计量箱				
17	互感器				

二 作业准备

（一）预约

流程 致电客户 → 自我介绍 → 说明事由 → 预约时间 → 通话记录 → 结束

要点：

✓ 使用文明礼貌用语，通常情况下应讲普通话。

✓ 语速适中、语意明确、语气柔和。

✓ 准确告知作业内容，预约作业时间，确认客户能否到场等事项。

✓ 客户挂机后再挂断电话。

✓ 最好在工作时间内联系客户。

✓ 做好通话记录。

（二）派工

根据预约情况，填写现场作业任务单并派工。

要点：

✓ 工作人员不得少于两人，并指定一人担任工作负责人。

✓ 工作人员应具备相应资格和技能要求。

✓ 工作人员应身体健康、精神状态良好。

✓ 工作人员个人工具和劳动防护用品应合格、齐全。

（三）开具工作票

签发流程

开具　工作票签发人或工作负责人依据工作任务开具相应的工作票。

签发　办理工作票签发手续。

1. 施工作业票

适用范围：

《配网安全施工作业票》适用于作业现场计量箱两端无电气连接的计量箱安装，见示例。

配网安全施工作业票

工程名称：XX用户单相计量箱安装　　　　编号：YJB-SZ-2017-06-001

施工班组（队）	北仑分中心仑东供电所营业班	工程阶段	现场施工
工序及作业内容	低压计量箱安装	作业部位	XX村XX路XX号
执行方案名称	/	动态风险最高等级	/
施工人数	3	计划开始时间	2017年6月1日8：00
实际开始时间	2017年6月1日上午8:02	实际结束时间	2017年6月1日上午10:22
主要风险	1、施工现场为村道路，作业区域内禁止行人逗留。 2、登梯作业需有人扶梯，[illegible]		
工作负责人	张国海	安全监护人（多地点作业应分别设监护人）	韩成国

具体分工（含特殊工种作业人员）：

林襄雄：负责单相计量箱安装

韩成国：负责作业点监护

其他施工人员：

无

示例

作业必备条件及班前会检查

	是	否
1. 作业人员着装是否规范、精神状态是否良好，是否经安全培训	☑	□
2. 作业人员是否无妨碍工作的职业禁忌	☑	□
3. 现场环境条件是否满足作业需求	☑	□
4. 施工机械、设备是否有合格证并经检测合格	☑	□
5. 工器具是否经准入检查，是否完好，是否经检查合格有效	☑	□
6. 是否配备个人安全防护用品，并经检验合格，是否齐全、完好	☑	□
7. 安全文明施工设施是否符合要求，是否齐全、完好	☑	□
8. 安全技术措施是否完善	☑	□

2. 低压工作票

适用范围：

低压工作票适用于有电气连接的计量箱安装，见示例。

低　压　工　作　票

单位：桃源供电所　　　　编号：NHTYGDS-DY-2015-01-002

1. 工作负责人：张三　　　　班组：线路运检班

2. 工作班成员（不包括工作负责人）：陈XX、任XX　　　　共 2 人

3. 工作的线路名称或设备双重名称（多回路应注明双重称号及方位）、工作任务：

0.4kV 培训村 1#变 01 线 07#杆 XXX 用户（13777XXXX）安装单相表箱、表计、水泥铁 1 付等附件安装，并架落户线（BLV-1×16）10 米 1 档。

4. 计划工作时间：自 2015 年 01 月 22 日 08 时 30 分 至 2015 年 01 月 22 日 11 时 30 分

5. 安全措施（必要时可附页绘图说明）：

5.1 工作的条件和应采取的安全措施（停电、接地、隔离和装设的安全遮栏、围栏、标示牌等）：

①交待 0.4kV 培训村 1#变 01 线带电、临时电源带电；②在 01 线 07#杆搭火时设专人监护，并通知对侧人员，先接零线，后接火线，拆线与此相反，做好防止相间短路的安全措施。

5.2 保留的带电部位：

①0.4kV 培训村 1#变 01 线带电；②临时电源。

5.3 其他安全措施和注意事项：

①登杆前应核对线路名称、杆号；②上下梯子作业，下方必须有人扶持；③高处作业传递工具、材料时，应使用绳索传递，严禁抛掷物件，以防高空落物伤人；④杆上作业时，安全带应系在牢固的构件上，移位时不得失去安全保护。

工作票签发人签名：王三，2015 年 01 月 21 日 14 时 30 分

工作负责人签名：张三　2015 年 01 月 21 日 14 时 39 分收到工作票

示例

6. 工作许可：

6.1 现场补充的安全措施：

6.2 确认本工作票安全措施正确完备，许可工作开始：

许可方式：当面许可　　　　许可工作时间：2015 年 01 月 22 日 08 时 58 分

工作许可人签名：赵XX　　　　工作负责人签名：张三

7. 工作班成员确认工作负责人布置的工作任务、人员分工、安全措施和注意事项并签名：

技工：陈XX，民工：任XX

8. 工作票终结：

工作班现场所装设接地线共 0 组、个人保安线共 0 组已全部拆除，工作班人员已全部撤离现场，工具、材料已清理完毕，杆塔、设备上已无遗留物。

工作负责人签名：张三　　　　工作许可人签名：赵XX

工作终结时间：2015 年 01 月 22 日 11 时 24 分

9. 备注：

（四）常用工具、材料

1. 常用计量设备及封印

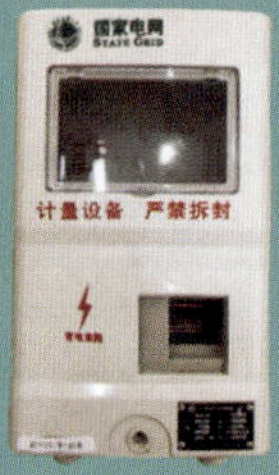

计量箱

智能电能表

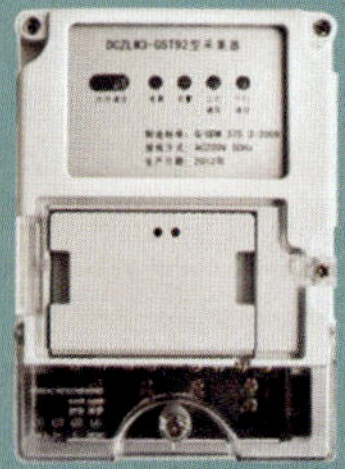

采集器

低压电流互感器

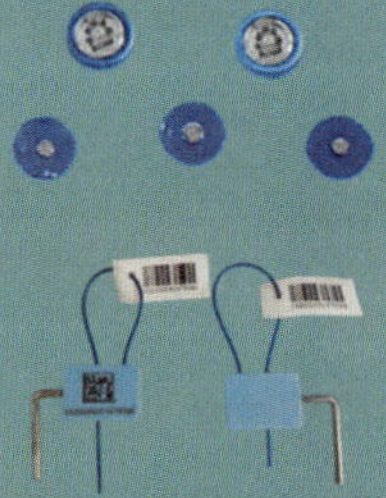

封印

2. 常用工具

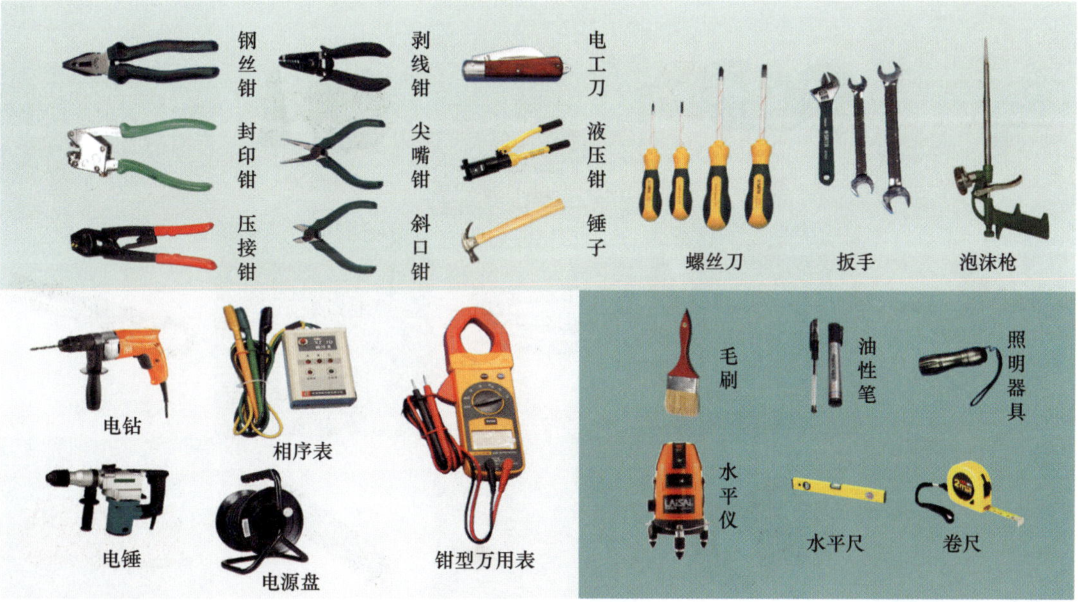

高空作业还需要配置合格的高处作业工器具，如脚扣或登高板、绝缘梯等。

3. 根据材料清单准备安装材料

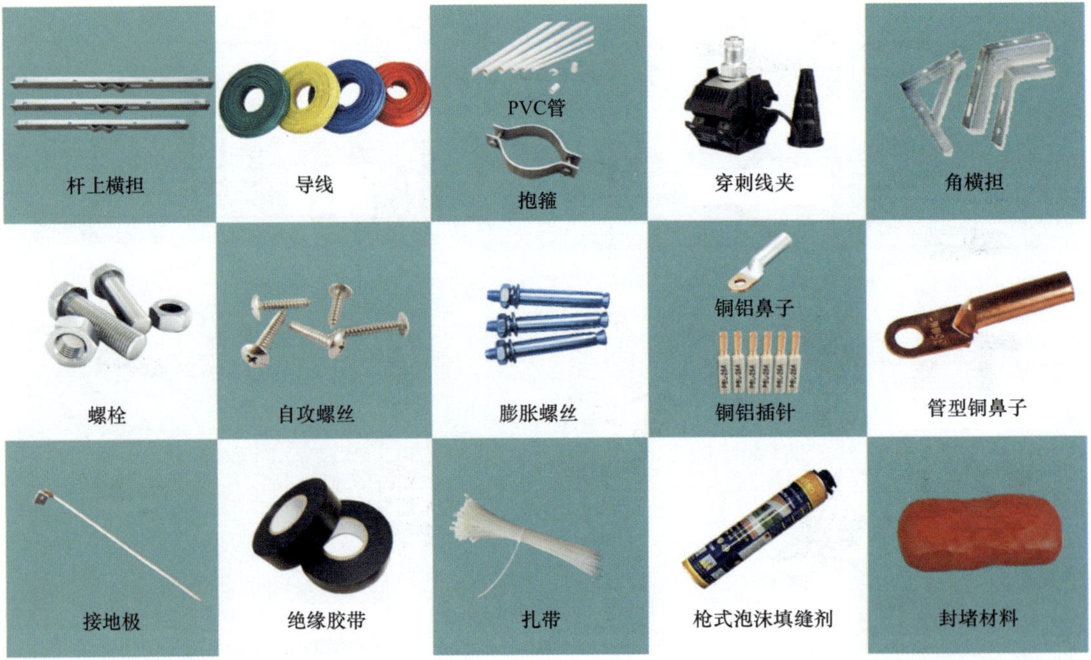

（五）计量箱领用

领用计量箱时应对其进行检查，检查要求如下：

- 计量箱资产号、型号、规格应与任务单一致。
- 计量箱外观完整，无破损、变形现象，活动件、连接件功能正常无缺陷。
- 计量箱应有永固铭牌、电气原理接线图、条码等必要信息，各类信息正确、字迹清晰，无缺失或脱落可能。
- 计量箱电气、机械连接牢靠，接触良好、无松动。
- 计量箱内的智能电能表、采集终端、互感器、天线等安装定位措施应有效。

三 现场安装

（一）履行工作票手续

1. 办理工作票许可手续

工作内容

- ✓ 工作负责人检查工作票所列安全措施是否正确完备，是否符合现场实际条件。
- ✓ 正确执行工作票所列安全措施。
- ✓ 由许可人确认现场安全措施正确实施，许可开始现场作业。
- ✓ 作业前，工作负责人应召开现场站班会。

注意事项

- ✓ 严禁未经许可开始工作。
- ✓ 同一张工作票，工作票签发人、工作负责人、工作许可人三者不得相互兼任。

2. 现场站班会

工作内容

- ✓ 检查工作班成员着装是否整齐、规范，安全帽佩戴是否正确。
- ✓ 交代工作任务、工作地点，明确工作班成员分工。
- ✓ 告知危险点及其安全措施。
- ✓ 工作班成员在工作票上签字确认。

注意事项

- ✓ 严禁无票作业和未经现场安全技术交底施工。

（二）现场工作

1. 现场客户信息核对

安装作业前，工作负责人应根据《任务单》核对客户信息，包括地址、户名、户号、计量箱资产编码等信息，核对无误后，方可开始作业。

2. 施工方案确认

工作负责人应在现场再次核对拟订的施工方案，指挥工作班成员依据方案进行施工。

3. 计量箱安装工艺要求

为保证计量箱运行安全，计量箱安装位置应符合以下要求：

（1）壁挂式、嵌入式计量箱安装要求。

✓ 安装高度要求

①安装在建筑物墙体的计量箱最高观察窗中心线及门锁距地面高度应不高于 1.8m。

②多表位计量箱安装时，其计量箱下沿距地面高度应不低于 0.8m，当用于地下建筑物（如车库、人防工程等）时则应不低于 1.0m。

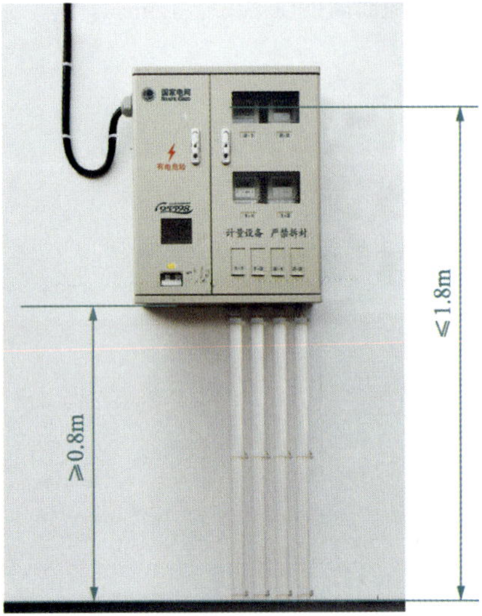

③ 单表位计量箱和单排排列箱组式计量箱安装时，其计量箱下沿距地面高度应不低于 1.4m。

✓ 安装间距要求

①计量箱与门、窗框边或洞口边缘距离不小于 400mm。

②计量箱与采暖管、天然气管道之间的距离不小于 300mm，与给、排水管道之间的距离不小于 200mm，如右图所示：

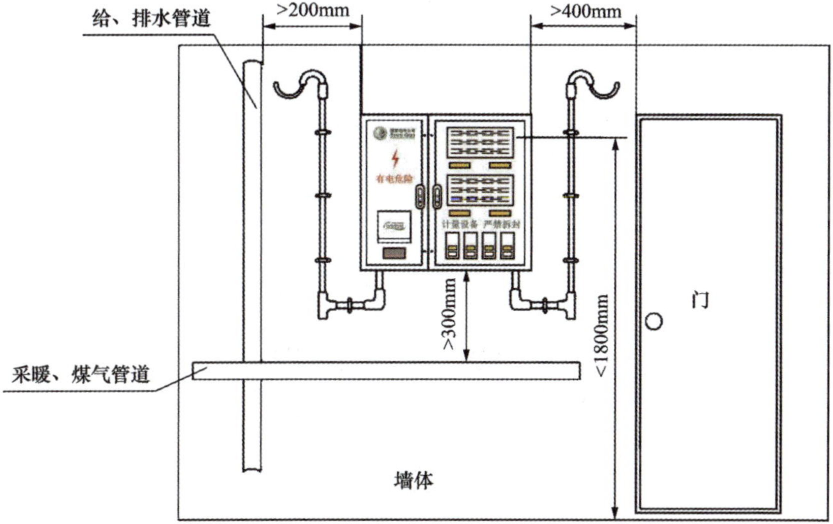

（2）落地式计量箱安装要求。

✓ 落地式计量箱应安装在稳固基础上，基础高度不低于 400mm（易积水地区可适当提高），箱体应用螺栓与基础进行紧固，箱体的垂直度和水平度允许偏差均为 1.5‰，如下图所示：

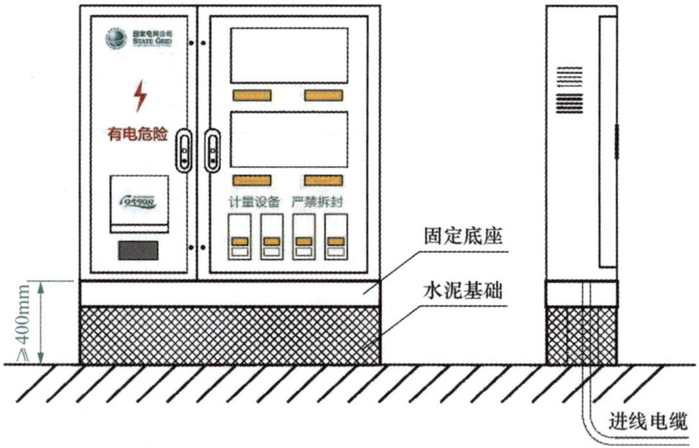

4. 计量箱安装

现场作业应遵守相关规程和制度，文明施工。

（1）嵌入式安装计量箱。

✓ 在建筑主体土建施工时，应根据图纸安装计量箱标识的位置和外形尺寸，以及计量箱进出线位置，留有预埋箱体的凹槽和管线孔洞，安装位置避免使用与住户共有的墙体。

✓ 箱体安装前应考虑墙体受力等因素，要求计量箱安装后牢固可靠、合理并紧贴墙面，计量箱面板平整度与垂直度变差不大于 3mm。

✓ 计量箱应使用膨胀螺丝固定，并根据箱体标高和水平要求，用水泥砂浆或防火等级 B1 级及以上的枪式泡沫填缝剂填实空隙。为方便嵌入式计量箱现场安装和今后改造拆换，一般采用枪式泡沫填缝剂填缝。

✓ 待箱体安装稳固后，完成接地扁铁焊接。接地扁铁应与建筑主体防雷接地装置直接连接，截面不小于 $16mm^2$，接地电阻应不大于 10Ω。

01

箱体位置及管线孔洞预留

02

接地极预设

03

计量箱就位

04

箱体固定

05

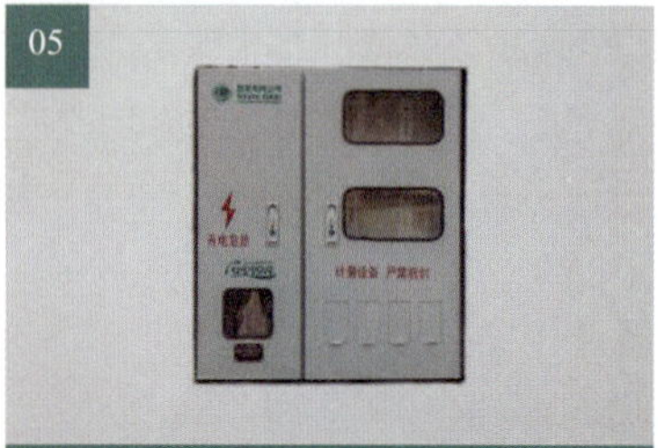

用泡沫填缝剂填实箱体周边空隙

06

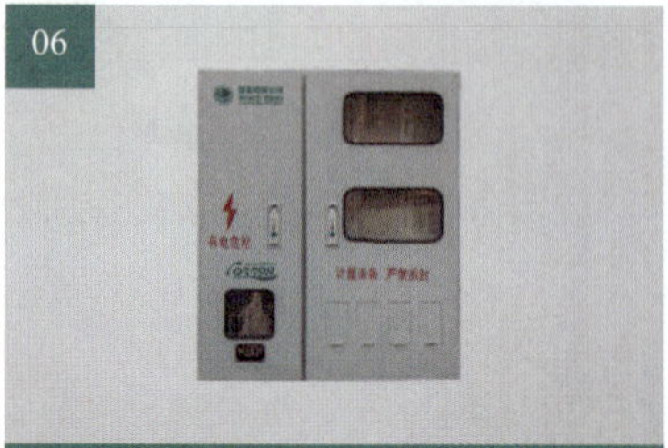

安装完成

小贴士

采用泡沫填缝剂填缝的优点：

①枪式泡沫填缝剂使用极为方便。泡沫填缝剂使用泡沫枪喷射到计量箱边框和墙体之间的缝隙后，10min 后就不会黏手，60min 后就可切割，可用小刀切除缝隙外多余泡沫。

②泡沫固化后，计量箱边框和墙体黏结牢固。

③便于计量箱拆换。由于固化后的泡沫可以用小刀切割，非常方便嵌入式安装的计量箱日后整体更换，与水泥砂浆填缝相比，具有更换过程不会破坏原有墙体的优点，且省时省力。

枪式泡沫填缝剂与泡沫枪组装示意图

（2）壁挂式安装计量箱。

✓ 计量箱应安装在建筑外墙的平整墙面上，应紧贴墙面安装，垂直偏差不超过 1°，安装高度以及与周边门窗框边、采暖管、落水管等临近设施的安装距离应符合安装工艺要求。

✓ 计量箱采用膨胀螺栓固定，打孔时定位应准确，安装在空心砖、砌块墙或泥墙上时应使用燕尾螺栓、对拉螺栓进行固定。

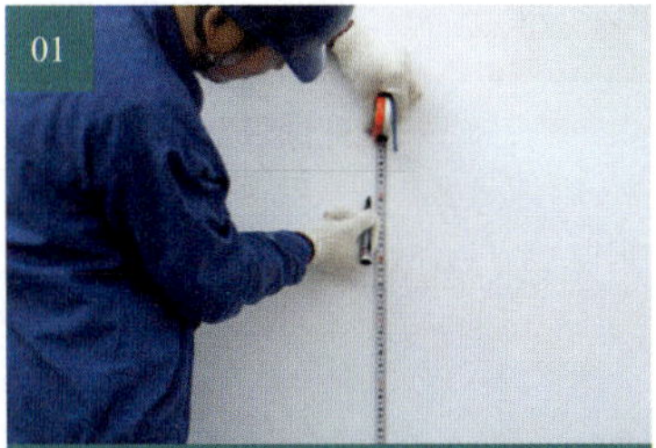
01 定位

02 打孔

03 打孔完成

注意事项：

➢ 电源盘使用前应检查漏电保护开关动作是否正常。

➢ 使用电钻或电锤打孔时不得戴手套。

04

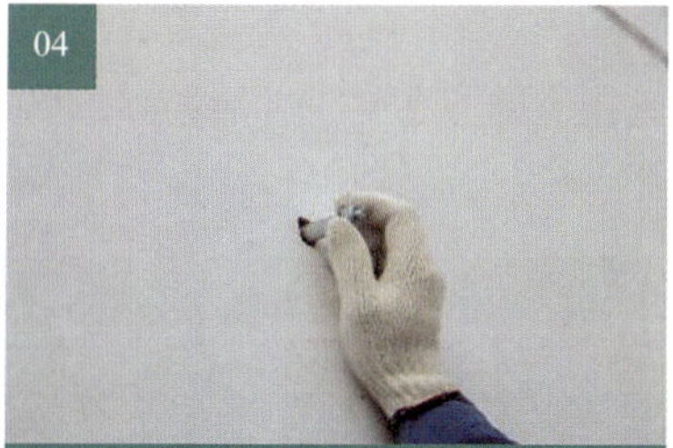

安装膨胀螺栓

05

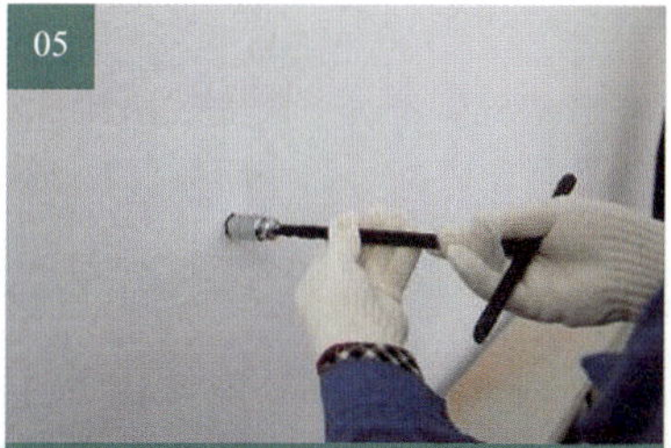

安装膨胀螺栓

06

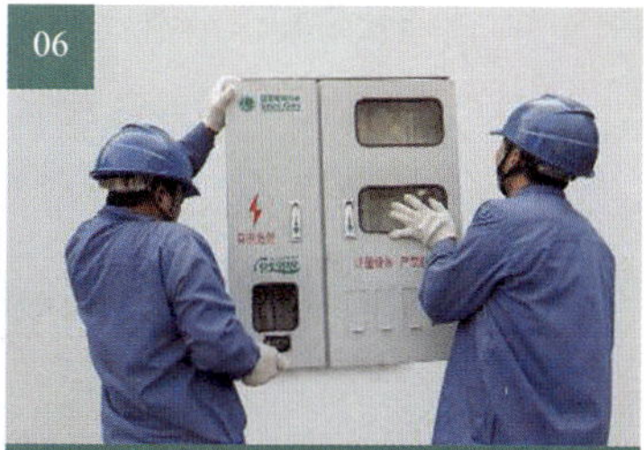

计量箱就位

07

计量箱固定

08

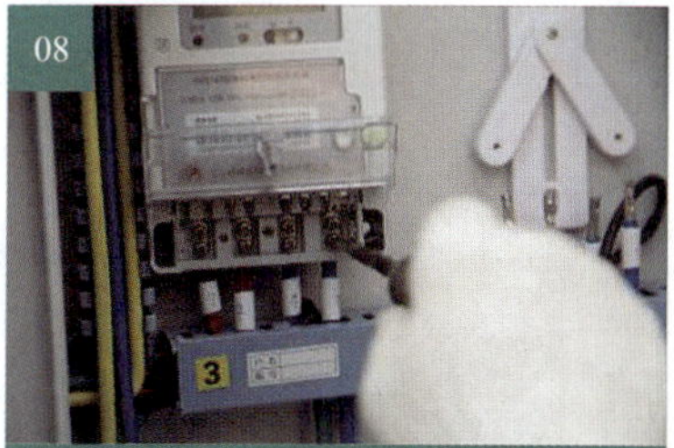

电能表安装

09

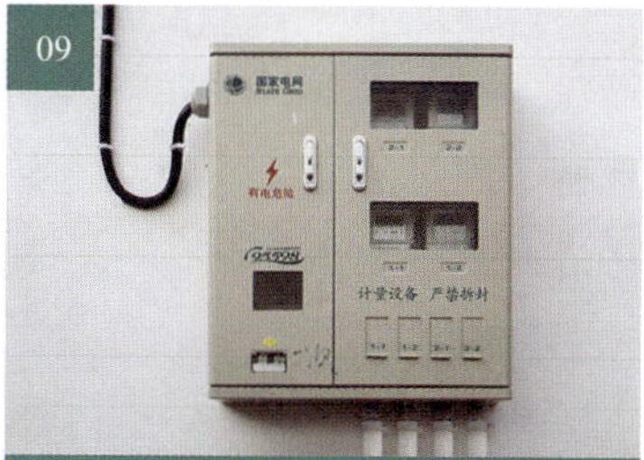

安装完成

（3）落地式安装计量箱。

✓ 户外安装的计量箱选用混凝土浇筑基础固定，户内安装的计量箱可选用混凝土浇筑基础固定或安装于金属安装架上。

01 基础土建施工

02 金属底座安放

03 金属底座固定与接地极预埋

04 接地引下线安装

05 计量箱安装

06 计量箱接地安装

（4）电杆式安装计量箱。

✓ 电杆式安装计量箱一般用于农业生产、临时用电等场所，安装位置应设置在电杆背向道路侧，且不应妨碍运维人员登杆作业。

✓ 金属材质的计量箱箱体应装设保护接地，接地引下线截面积应不小于 16mm²，接地极埋深不宜小于 0.8m，接地电阻不大于 10Ω。接地引下线应紧贴杆体，与接地极的连接应使用专用螺丝固定，严禁缠绕。

抱箍安装

计量箱安装

安装完成

5. 接地线安装

✓ 使用金属材质制作的计量箱，如热镀锌金属计量箱和不锈钢金属计量箱，其箱体外壳应设保护接地，实测接地电阻不大于 10Ω。接地线和接地扁铁的截面积不小于 16mm^2。

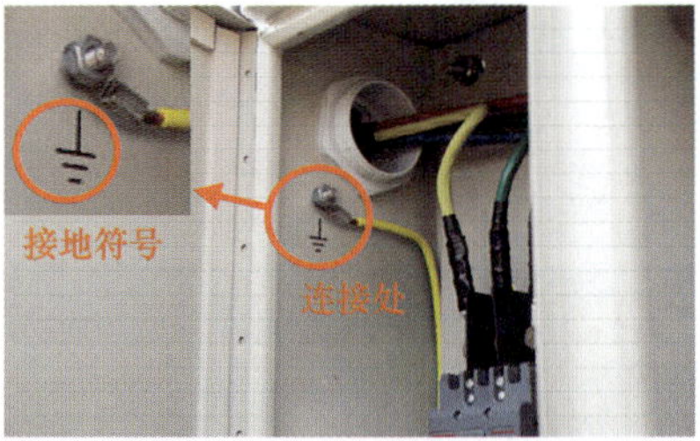

箱体外壳保护接地端子接地

✓ 计量箱内接地端子或接地端子排应与接地体可靠连接，金属计量箱的各单元箱门应通过专用接地线与接地端子或接地端子排有效相连。

✓ 计量箱内的接地点应有明显的接地符号和标识。

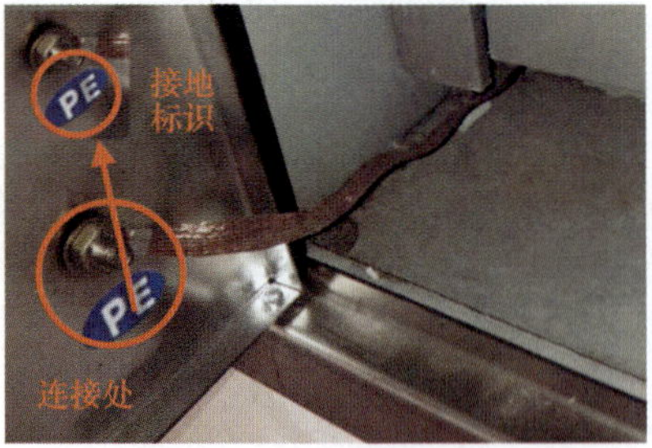

金属计量箱箱门接地

✓ 室外壁挂式、落地式和电杆式安装计量箱一般采用接地极作接地体，接地极一般采用镀锌角钢、钢管或圆钢制作。

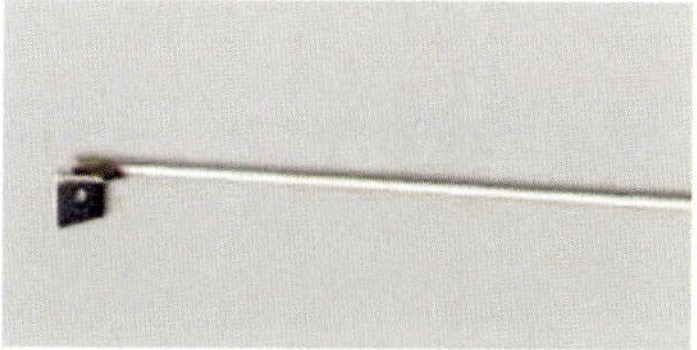

接地极

✓ 接地极预埋的有效深度不宜小于 0.8m，不得与水管、煤气管等管道触碰。

壁挂式和电杆式安装计量箱接地极预埋

落地式安装计量箱接地极预埋

注意事项：

➢ 锤子使用前，应检查锤柄是否安装牢固，不可戴手套或单手抡大锤，手扶人员必须站在侧面。

➢ 接地极为角钢时，应用锤子敲打角钢的角脊线处；接地极为钢管时，则锤击力应集中在尖端的顶点位置。

✓ 接地引下线与接地极的连接应使用专用螺丝紧固，严禁金属缠绕接线。

接地引下线安装

✓ 嵌入式和室内落地式安装计量箱外壳保护接地一般以建筑主体防雷接地装置为接地体，采用接地扁铁将接地体与计量箱外壳直接相连，接地扁铁与计量箱外壳的连接点采用焊接。

嵌入式金属计量箱接地扁铁预埋

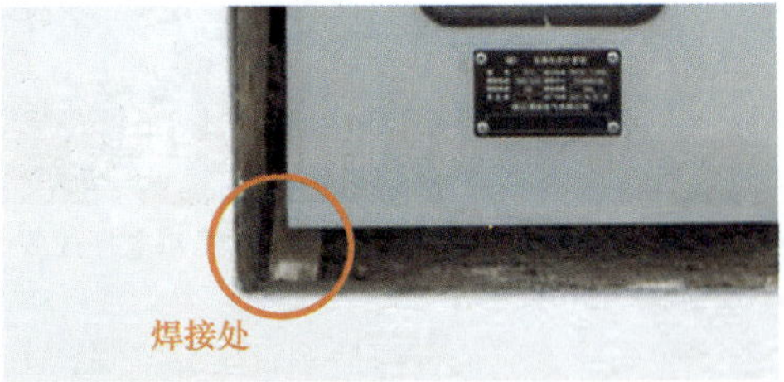

嵌入式金属计量箱外壳接地焊接

6. 计量箱进出布电线敷设

✓ 计量箱进出导线使用布电线时，应采用穿线管（槽）敷设的方法，对其外绝缘进行保护，对进出低压电能计量箱的线管孔洞用电缆防火泥密实封堵。常用的线管（槽）种类有钢管、PVC 阻燃硬管、PVC 阻燃线槽等。选用线管内径（槽内截面积）应符合以下要求：①无论采用何种线管，管内导线外径（截面积）应不大于管内径（槽内面积）的 40%。②两根绝缘导线同穿一根线管时，线管内径不应小于两根导线外径之和的 1.35 倍。

（1）PVC 管明装工艺要求。

①管路定位。

根据安装就位的计量箱进线口和出线口位置以及电源接入点方位、用户进户线地点，确定 PVC 管敷设走向，找好水平线和垂直线。

②管卡安装。

安装前，应根据线管的直径和环境选择不同管卡。管径在 25mm 及以下的 PVC 管卡统一采用带塑料膨胀的 U 型卡、6mm 的塑料膨胀，管径在 25mm 以上的 PVC 管卡必须使用专用的圆形管卡。有条件时，应使用金属抱箍替代 PVC 管卡固定 PVC 管，以防止由于 PVC 管卡劣化开裂造成管路脱落、断裂。

管卡安装要端正、结实，不能有松动，并且管卡安装间距要均匀，接头（转弯）处需安装管卡。

管卡安装一般采用胀管法和木膨胀法。

胀管法：一般用于砖混结构和水泥浇筑墙体上的管卡安装。先在墙上打孔，将膨胀管插入孔内，再用螺丝（栓）固定管卡。膨胀管一般选用 6mm 的塑料膨胀管。

木膨胀法：一般用于泥墙上的管卡安装。先在墙上打孔，将大于孔径的木楔打入孔内，再用铁钉或木螺丝固定管卡。

③ PVC 管敷设。

断管：小管径可使用剪管器，大管径使用钢锯锯断，管口应平整光滑，断口后将管口锉平齐。

弯管：管径在 25mm 及以下可以使用专用弯头。

管路连接：敷管时，若使用 U 型管卡，可以直接将连接好的管子压入管卡；使用圆形管卡时，先将管卡一端的螺丝（栓）拧紧一半，然后将管敷设于管卡内，逐个拧紧。管与管连接处应采用插入法连接，连接处结合面应涂专用胶合剂，接口应牢固密封。

④ 箱体连接。

计量箱导线进出管孔与 PVC 管宜采用专用接口连接。

PVC 阻燃硬管安装示意图

（2）钢管安装工艺要求。

计量箱进出导线需做钢管防护时，所用钢管应有防锈蚀处理；为防止钢管端部损坏导线绝缘，其端部做护口处理。钢管的连接应采用螺纹接头，穿入导线后不得再对线管施以电焊作业。钢管外壁应可靠接地，其接地连接处做防腐处理。

电缆穿钢管敷设

7. 计量箱进出电缆敷设

（1）电缆固定要求。

电缆敷设时应根据电缆的粗细选择相应规格的管卡。管卡安装要端正，不能有松动，安装间距要均匀，电缆转弯处应加装管卡。

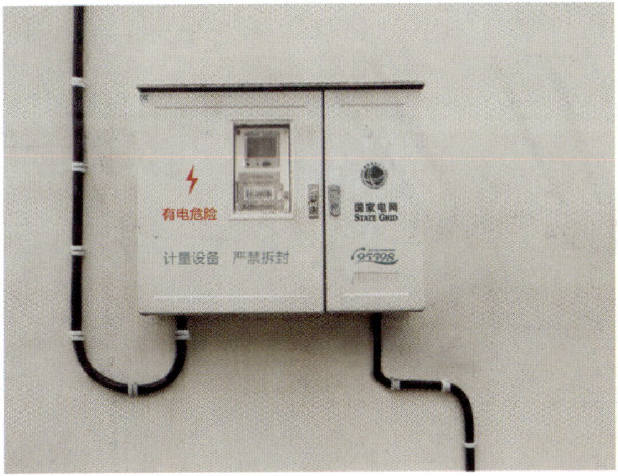

电缆敷设

（2）墙头横担安装。

✓ 接户线在建筑物侧的固定使用 U 型支架，所有支架表面作热镀锌处理。在建筑物墙体转角处可使用直横担固定接户线。

✓ 支架宜采用膨胀螺栓固定在建筑物墙体上，当墙体不能满足膨胀螺栓胀力时，可采用穿墙螺栓固定支架，固定时穿墙螺栓应加装方型垫铁。

U 型支架安装示意图

（3）绝缘子绑扎。

低压接户线应使用低压绝缘子进行绑扎固定，绑扎方式一般采用颈扎或终端绑扎。

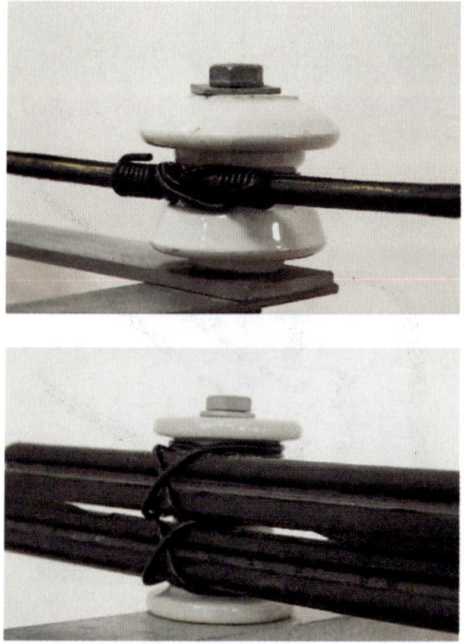

颈扎

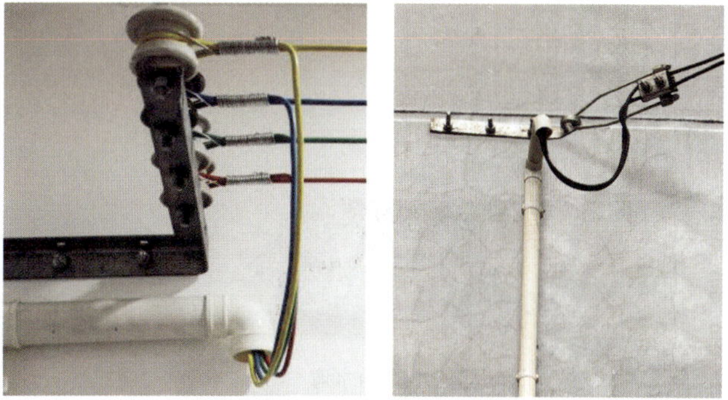

终端绑扎

（4）电缆滴水弯制作。

敷设电缆时，需要在计量箱进线侧和出线侧以及电源点的绝缘导线金属搭接点制作滴水弯。

①制作计量箱处滴水弯时，下弯滴水弯的最低点应处在低于计量箱下沿 10cm 左右位置；

②制作电源点金属搭接点绝缘导线的滴水弯时，金属搭接点应处在低于绝缘导线上弯滴水弯最高点 10cm 左右位置。

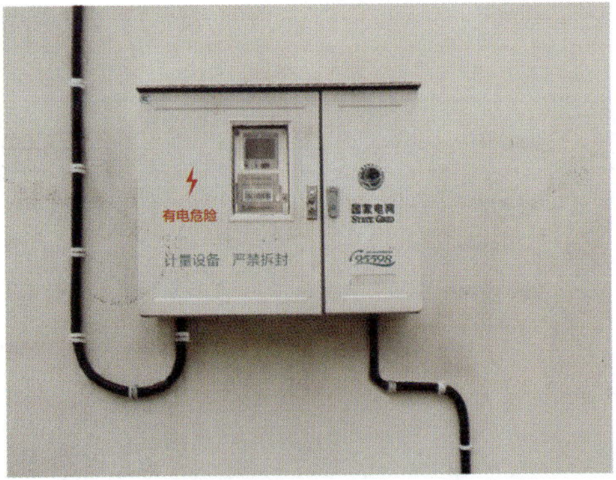

计量箱进线侧滴水弯

电缆搭接处滴水弯

8. 计量箱进线接头搭接

电源进线与计量箱进线室内的进线开关、接线端子排等器件连接时，应选用与进线导线截面相匹配的铜鼻子。进线截面积在 10mm^2 以下的，一般选用开口铜鼻子，用压接钳压紧即可；进线截面积在 10mm^2 及以上的，一般选用管型铜鼻子。管型铜鼻子必须使用液压钳压接。

开口铜鼻子

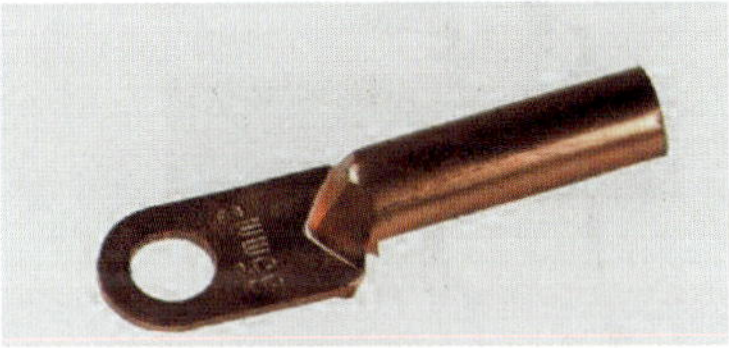

管型铜鼻子

当安装过程中遇到铝导线与计量箱进线室内的进线开关、接线端子排等器件连接时，则应采用铜铝鼻子或电表铜铝插针。电表铜铝插针通流截面有 16、25、35、50mm^2 等规格。

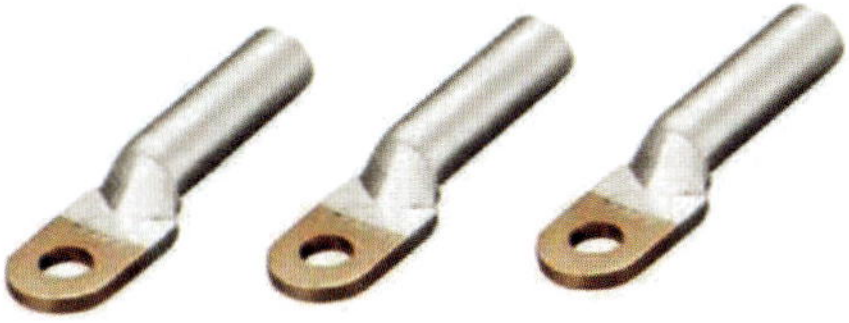

铜铝鼻子

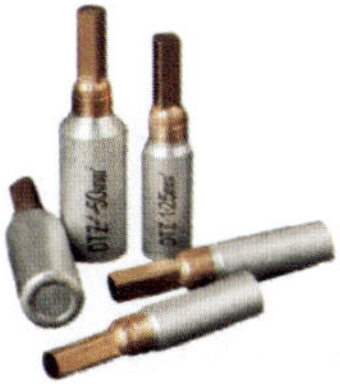

电表铜铝插针

计量箱进线与电源接入点架空导线搭接时，架空导线为绝缘导线的，则使用穿刺线夹接线；架空导线为铝导线的，则使用铜铝接线板或针式铜铝过渡接头连接。

穿刺线夹

铜铝过渡线夹

小贴士

铝线跟铜线不能简单地直接相互接在一起，要想接在一起，必须用铜铝过渡线夹或过渡线管，原因是铜铝的电位不同，铜铝接触的部分会因为原电池反应加速铝线的氧化，时间久了铜铝接头处会接触不良，增大了接触电阻。另外，由于铜、铝的弹性模量和热膨胀系数相差很大，在运行中经多次冷热循环（通电与断电）后，会使接触点处产生较大的间隙而影响接触，也增大了接触电阻。接触电阻的增大，运行中就会引起温度升高。高温下腐蚀氧化就会加剧，产生恶性循环，使连接质量进一步恶化，最后导致接触点温度过高甚至会发生冒烟、烧毁等事故。

9. 智能电能表接线

计量箱固定后，根据装接单要求，安装人员展开计量箱内部计量设备（智能电能表和采集器等）的装接工作。连接智能电能表导线截面应依据待安装智能电能表所标定的额定电流进行选择。箱内导线应采用 BV 分色铜线，分户导线规格不得小于表 3-3 规定。采集器电源导线截面积应不小于 $2.5mm^2$，RS485 通信导线截面积应不小于 $0.75mm^2$。

表 3-3 智能电能表进线规格

一、单相（电能表）计量箱				
规格	40A	60A	100A	
相线（BV）截面积（mm^2）	10	16	25	
零线（BV）截面积（mm^2）	10	16	25	
二、直接接入式三相（电能表）计量箱				
规格	40A	60A	80A	100A
相线（BV）截面积（mm^2）	10	16	25	
中性线（BV）截面积（mm^2）	10	16	16	

续表

三、经互感器接入式计量箱（单表位）						
规格	50A	75A	100A	150A	200A	250A
一次导线（BV/BVR）截面积（mm^2）	16	25	35	70	95	150
一次铜排截面积（mm^2）	3 × 15					4 × 20
中性线（BV）截面积（mm^2）	16			35	50	70

小贴士

BV 是指单股铜芯聚氯乙烯绝缘线（硬线），BVR 是指多股铜芯聚氯乙烯绝缘线（软线），RV 是指多股铜芯绝缘软线。BV、BVR 是固定布线用的电缆电线，RV 比 BVR 更细，作为电气连接线使用。BV 单芯电线相关系数如表 3-4 所列。

表 3–4 BV 单芯电线相关系数

规格（mm^2）	绝缘标称厚度	导体种类	芯数	铜丝根数	单丝直径（mm）	20℃时导体最大电阻（Ω/km）	空气中 40℃时电缆载流量（A）	常态时 220V 最大功率（W）	常态时 380V 最大功率（W）
1.5	0.7	1	1	1	1.38	12.1	19	4180	7220
2.5	0.8	1	1	1	1.78	7.41	25	5500	9500
4	0.8	1	1	1	2.25	4.61	33	7260	12540
6	0.8	1	1	1	2.76	3.08	41	9020	15580
10	1.0	2	1	7	1.35	1.83	57	12540	21660
16	1.0	2	1	7	1.7	1.15	76	16720	28880
25	1.2	2	1	7	2.14	0.727	98	21560	37240
35	1.2	2	1	7	2.53	0.524	115	25300	43700
50	1.4	2	1	10	2.53	0.387	145	31900	55100

智能电能表进、出导线应使用铜质绝缘导线（BV），禁止使用铝质绝缘导线和多股绝缘软铜线（RV），智能电能表导线的预留长度要尽量短，防止窃电现象的发生。

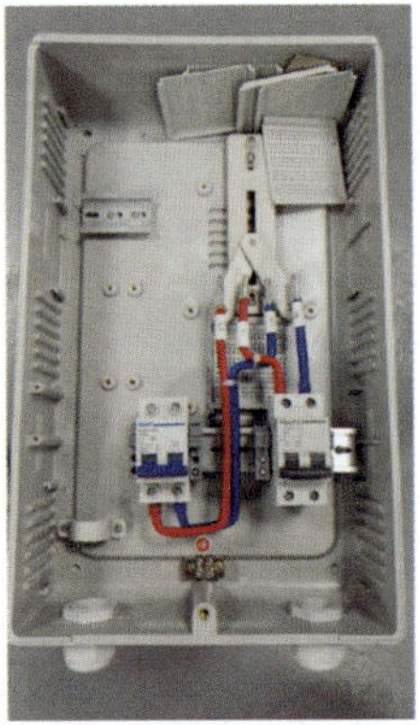

镀锡处理

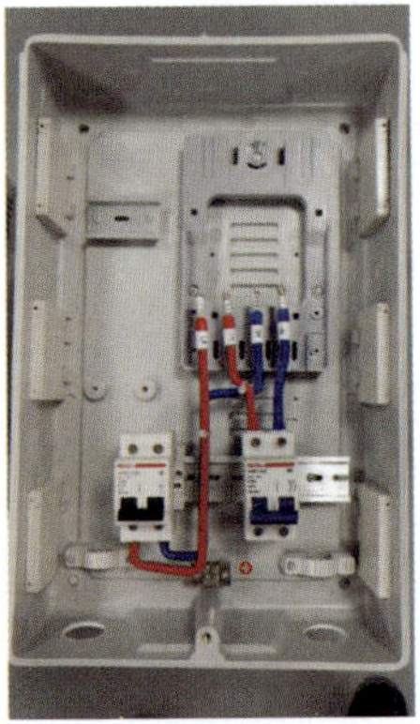

冷压端子

注：电能表进出导线采用多股铜质绝缘导线时，导线接头应做镀锡处理或采用 ET16–12（ET16–25 ± 2mm）冷压端子压接。

智能电能表安装和接线要点：

（1）智能电能表按照从左到右，从上到下的顺序安装；对于有采集终端的计量箱，可留有外侧一表位作为采集终端安装位置。

（2）智能电能表、采集终端应安装牢固，平行排列的智能电能表、采集终端盒盖下沿应齐平，挂表螺丝和定位螺丝均应拧紧，并确保中心线向各方向的倾斜度不大于 1°。

（3）在装表接线时必须遵循以下原则：

①单相智能电能表必须将相线接入电流线圈，零线必须剪断接入；三相四线智能电能表必须正相序接线，中性线应直接与计量箱内的中性线排（N 排）连接。

②接线时，应先拧紧智能电能表接线端子上排螺丝，用手扯动导线应无松动现象，再拧紧智能电能表接线端子下排螺丝；拧紧时用力不宜过大，以免损伤导线；插入的导线不得有露铜现象，螺丝不得压在导线绝缘层上。

③计量箱内各种导线的走线应合理、整齐、美观，如有必要，可用扎带将导线绑扎整齐；布导线的接线弯角必须是 90° 的直角，不得随意乱接乱扯；多表位计量箱内预留表位的导线裸露部分应采取绝缘措施，并断开对应开关。

（4）智能电能表接线完毕后，必须安装表盖，加装封印。

10. 计量箱标识

■ 计量箱铭牌

计量箱铭牌

■ 安全用电标志示意图

安全用电标志

■ 户号牌示意图

户号牌

（三）工作结束

1. 清理现场

现场安装作业完成后，工作人员应清理现场，并将客户原有设施恢复原状。

2. 办理工作票终结手续

现场工作结束后，由工作负责人办理工作票终结手续。

四 安装质量验收

(一)验收项目

1. 资料验收

资料应真实有效，一般包括：低压电能计量装接单，电气绝缘电阻测试记录表、漏电保护器测试记录表等。金属计量箱验收应有计量箱接地电阻测试记录，多表位计量箱验收还应有户表核对记录。

国家电网 STATE GRID 你用电·我用心 Your Power Our Care

低压电能计量装接单

95598

客户基本信息						
户　　号		申请类别		流程编号		（档案标识二维码）
户　　名						
用电地址						
联 系 人		联系电话		供电电压		
合同容量		电能表准确度		接线方式		

安装计量装置信息									
装/拆	资产编号	计度器类型	表库、仓位码	位数	存度	自身倍率（变比）	电流	规格型号	计量点名称

现场信息				
接电点描述				
表箱条形码	表箱经纬度	表箱类型	表箱封印号	表计封印号
采集器条码		安装位置		
流程摘要		备注		表计和表箱已加封，电能表存度本人已经确认。 客户签名 年　月　日
装接人员		装接日期		年　月　日

浙电营 20-2015

电气绝缘电阻测试记录表

台区名称					施工单位					
计量单位	MΩ(兆欧)				测试日期		年　月　日			
仪表型号					天气情况				气温	
测试项目	相间			相对零			相对地			零对地
测试内容	A–B	B–C	C–A	A–N	B–N	C–N	A–E	B–E	C–E	N–E
计量箱 1										
计量箱 2										
测试结论										
参加人签字		施工单位		供电所			测试人（两人）			

漏电保护器测试记录表

台区名称		台区地址			测试日期		
漏电保护器型号		额定漏电动作电流			额定漏电动作时间		
测试仪器名称			测试仪器型号				
测试环境：　□晴　□阴　□雨 / 温度　℃ / 相对湿度　%/ 其他：							
户号	动作电流	动作时间	按钮试验	测试结论	测试人	监测人	备注

注：1. 此表为新装用户漏电保护器测试记录；
2. 漏电保护器测试按照说明书要求进行；
3. 测试人为用户，监测人为业扩安装人员，测试后需用户签字确认。

金属计量箱接地电阻测试记录表

小区名称 / 户名			用电地址				
仪器型号		计量单位	欧姆		测试时间		
测试环境： □晴 □阴 □雨 / 温度 ℃ / 相对湿度 %/ 其他：							
幢号 / 户号	单元号 / 门牌号	表箱资产号	实测值（Ω）	测试结论	测试人	监测人	备注

注：1. 此表为新装动力用户、小区集中金属计量箱接低电阻测试记录；
2. 接地电阻测试应按照相关要求进行；
3. 测量人为用户，监测人为业扩安装人员，测量后需用户签字确认。

户表核对记录表

台区：	表箱地址：				
表箱资产编号：					
房号 / 地址	户号（未立户装表不填）	户名（未立户装表不填）	表计资产号（未立户装表不填）	户表一致性（√ / ×）	备注
验收部门：			核对人员签名：		
以下内容户表核对不一致，需更改计量箱设计方案时填写					
1	设计方案现场变更完成。			确认签名：	
2	表箱表位房号图变更完成			确认签名：	
3	营销系统表箱表位房号档案更改完成。			确认签名：	
4				审核签名：	

2. 计量箱安装质量验收

计量箱安装质量验收一般在智能电能表等计量设备安装结束后进行，验收内容及要求见表 3-5。

表 3-5 计量箱安装质量验收内容及要求

验收内容	计量箱类别	安装质量要求
计量箱安装位置及安装工艺	单表位计量箱	● 计量箱（含单排排列箱组式计量箱）下沿距地面不低于 1.4m，最高观察窗中心线及门锁距地面高度应不高于 1.8m。 ● 计量箱与周边门窗框边或洞口边缘距离不小于 400mm，计量箱与采暖管、天然气管道之间的距离不小于 300mm，与给、排水管道之间的距离不小于 200mm。 ● 计量箱面板平整度与垂直度变差不大于 3mm
	多表位计量箱	● 计量箱不应放置在强电井内（专用表间除外）。 ● 计量箱下沿距地面高度应不低于 0.8m，当用于地下建筑物（如车库、人防工程等）时则应不低于 1.0m，最高观察窗中心线及门锁距地面高度应不高于 1.8m。 ● 计量箱与周边门窗框边或洞口边缘距离不小于 400mm，计量箱与采暖管、天然气管道之间的距离不小于 300mm，与给、排水管道之间的距离不小于 200mm。 ● 嵌入式安装计量箱应安装牢固可靠，箱体周边空隙用泡沫填缝剂或水泥砂浆填实，紧贴墙面，面板平整度与垂直度变差不大于 3mm

续表

<table>
<tr><th>验收内容</th><th>计量箱
类别</th><th>安装质量要求</th></tr>
<tr><td>计量箱
安装位置及
安装工艺</td><td>多表位计量箱</td><td>● 落地式安装计量箱应安装在稳固基础上，基础高度不低于 400mm（易积水地区可适当提高），箱体应用螺栓与基础进行紧固，箱体的垂直度允许偏差为 1.5‰，水平度允许偏差 1.5‰</td></tr>
<tr><td rowspan="2">计量设备
安装工艺</td><td>单表位计量箱</td><td rowspan="2">● 智能电能表、采集终端应安装牢固，平行排列的智能电能表、采集终端盒盖下沿应齐平，挂表螺丝和定位螺丝均应拧紧，并确保中心线向各方向的倾斜度不大于 1°。
● 计量箱内各种导线的走线应合理、整齐、美观，如有必要，可用扎带将导线绑扎整齐；布导线的接线弯角必须是 90° 的直角，不得随意乱接乱扯；多表位计量箱内预留表位的导线裸露部分应采取绝缘措施，并断开对应开关。
● 单相智能电能表必须将相线接入电流线圈，零线必须剪断接入；三相四线智能电能表必须正相序接线，中性线应直接与计量箱内的中性线排（N 排）连接。
● 三相电能表、采集终端之间的水平距离不应小于 80mm；电能表、采集终端与试验接线盒之间的垂直距离不应小于 40mm；电能表、采集终端、试验接线盒与壳体的距离不应小于 60mm；单相电能表之间的距离应不小于 30mm</td></tr>
<tr><td>多表位计量箱</td></tr>
</table>

续表

<table>
<tr><th>验收内容</th><th>计量箱类别</th><th>安装质量要求</th></tr>
<tr><td rowspan="2">计量箱附属设备</td><td>单表位计量箱</td><td>● 进线刀闸（开关）、出线开关（漏保）是否配置合理，箱内接线及线径是否符合要求</td></tr>
<tr><td>多表位计量箱</td><td>● 箱内各功能单元至少应具备：计量单元、总负荷开关单元、用户负荷开关单元，各单元之间必须相互隔离。
● 总负荷开关、用户负荷开关容量应与相应承载的电能表容量相匹配。用户负荷开关应采用设有防触电保护罩的产品，其对各出线的相与相之间能加以隔离（距离≥ 10mm)。
● 箱内接线线径应与用户申请容量相匹配</td></tr>
<tr><td rowspan="2">安全性</td><td>单表位计量箱</td><td rowspan="2">● 计量箱内接地端子或接地端子排必须可靠接地，金属计量箱外壳必须可靠接地，接地点应有明显的接地符号与标识。
● 金属计量箱的各单元箱门应通过专用接地线与接地端子或接地端子排有效相连。
● 接地保护引下线（如接地线或接地扁铁）的截面积应不小于 16mm²，接地体的实测接地电阻应不大于 10Ω。
● 电气间隙、爬电距离应分别大于 5.5mm、6.3mm。
● 计量箱内带电体之间、带电体与地之间的绝缘电阻应不小于 0.5MΩ(500V × 100Ω/V)</td></tr>
<tr><td>多表位计量箱</td></tr>
</table>

续表

验收内容	计量箱类别	安装质量要求
接线正确性	单表位计量箱	● 对照计量装接单核查计量设备资产正确性、表接线正确性；通电后检查电能表电压、电流是否正常
	多表位计量箱	● 对照计量装接单核查计量设备资产正确性、表接线正确性；通电后检查电能表电压、电流是否正常。 ● 逐户核对户表对应关系是否正确
运维标识	单表位计量箱	● 计量箱型号、生产厂家、资产号应齐全，计量箱的门（盖）上应有相应的安全警示语、企业标识、服务提示语等信息。 ● 计量箱上应有与用户对应的户号牌
	多表位计量箱	● 计量箱型号、生产厂家、资产号应齐全，计量箱的门（盖）上应有相应的安全警示语、企业标识、服务提示语等信息。 ● 电能表进、出线，开关进出线均应设置标号套，标明回路方向。 ● 导线、母排、端子应有相应的颜色标识：黄（U）、绿（V）、红（W），中性线蓝/黑（N）、保护线黄绿（PE）；通信线黄（A）、蓝（B）。 ● 计量箱对应的表位上应有与用户对应的房号和户号牌

（二）缺陷整改

验收人员根据电能计量装置竣工验收检查表所列内容开展相应的验收工作，现场验收发现不合格的，应填写缺陷整改单，施工单位按照缺陷整改单制定整改措施并实施，整改完成提交复验。

（三）计量箱启用

计量箱验收合格、智能电能表通电启用后，箱门应施加封印及挂锁。

电能计量装置竣工验收检查表

供电服务区			台区名称		台区编码	
表箱资产码			表箱地址			
检查内容			检查结果	整改内容及措施	备注	
装接及测试记录齐全		电能计量装接单				
		接地电阻测试记录				
		漏电保护器测试记录				
		绝缘电阻测试记录				
		户表核对记录				
现场核查	电能表	型号规格、资产号				
		配置合理性				
		功能检查				
		安装位置、质量符合有关标准要求				
	电流互感器	型号规格、出厂编号、资产号				
		配置合理性				
		外观质量完好无损、标志清晰				
		二次端子可否铅封				
		铭牌、极性标志是否浇注式				
	箱体	安装工艺质量符合有关标准要求				
		箱体密封情况				
		箱门、门锁、铅封柱（眼）				
		观察窗				
		各类标识				
验收结论		合格（　　）　不合格（　　）	整改期限			
验收人签字		供电所	施工方	建设方		